Tipsy Sketch

作者介绍

林殿理（Denis Lin），1971年生，台湾彰化人，毕业于台湾政治大学会计学系，现居上海，上海曦若文化传播有限公司合伙人。

专职葡萄酒与烈酒培训讲师，持有英国WSET高级证书与讲师资格、CIVB波尔多葡萄酒学校国际讲师认证、新西兰葡萄酒专家认证、西班牙里奥哈产区国际讲师认证、西班牙葡萄酒学院讲师认证。

写作之余，也提供各种酒类相关培训课程以及咨询服务，并协助各大产酒国和酒庄在中国各地进行教育推广工作。经常担任国内外葡萄酒大赛评委，酒类相关专栏文章散见于各全国性主要杂志，著有《微醺之美——Denis的品酒笔记》《我的葡萄酒赏味手札》。

自小喜欢美术，但未曾受过科班训练。大学毕业后曾全职以创作漫画为业，后凭自学应聘智威汤逊广告公司担任美术设计。三年后创业，为4A广告公司提供网络营销活动创意与网站设计服务。

2002年，与葡萄酒擦出爱的火花，热恋至今。

Denis微信公众号：微醺频道（TipsyShow）

新浪微博：Denis品酒讲堂

新浪博客：blog.sina.com.cn/denislin

Dionysus & Denis
@ wine museum of ○INOTPIA
Domaine Costa Lazaridi, Athens

根据在雅典参观Domaine Costa Lazaridi酒庄的葡萄酒博物馆时，与希腊酒神狄俄尼索斯（Dionysos）雕像合拍照片所画的自画像。在我取了外文名Denis很多年之后，才知道这名字是从Dionysos演变而来的，似乎冥冥中早已注定要与酒结下不解之缘？

本书荣获 Gourmand Award
世界美食图书大奖　酒类插画书大奖

微醺手绘

TIPSY SKETCH

林殿理 著

Denis Lin

中信出版集团 · 北京

图书在版编目（CIP）数据

微醺手绘 / 林殿理著 . -- 2 版 . -- 北京：中信出
版社，2017.5

ISBN 978-7-5086-6928-1

Ⅰ . ①微… Ⅱ . ①林… Ⅲ . ①酒－文化－世界②插图
（绘画）－作品集－中国－现代 Ⅳ . ①TS971 ②J228.5

中国版本图书馆 CIP 数据核字 (2016) 第 262053 号

微醺手绘

著　　者：林殿理
出版发行：中信出版集团股份有限公司
　　　　　（北京市朝阳区惠新东街甲 4 号富盛大厦 2 座　邮编　100029）
承 印 者：山东临沂新华印刷物流集团有限责任公司

开　　本：787mm×1092mm　1/16　　印　　张：23　　字　　数：468 千字
版　　次：2017 年 5 月第 2 版　　　　印　　次：2017 年 5 月第 1 次印刷
广告经营许可证：京朝工商广字第 8087 号
书　　号：ISBN 978-7-5086-6928-1
定　　价：168.00 元

目录 + CONTENTS

自序—真情自白 /II

画材画具分享 /IV

手绘品酒笔记创作分解图 /VI

阿根廷 ARGENTINA — 001

澳大利亚 AUSTRALIA — 005

从「一条内裤谈起」— 038

奥地利 AUSTRIA — 041

漫画：智利印象 — 048

智利 CHILE — 045

到世界的对面喝酒去——智利 — 046

中国 CHINA — 065

喝友情的酒 — 074

法国 FRANCE — 076

波尔多 Bordeaux — 078

勃艮第 Burgundy — 157

香槟 Champagne — 190

漫画：凯歌黄牌干型香槟 — 202

朗格多克-鲁西荣 Languedoc-Roussillon — 204

罗讷河谷 Côte-du-Rhône — 208

品酒战利品素描 — 218

希腊 GREECE — 221

漫画：酒神之国—希腊 — 222

德国 GERMANY — 225

旅行素描 — 236

意大利 ITALY — 239

漫画：到教父家喝酒去！— 240

罗马涅，桑娇维塞的另一个摇篮 — 284

新西兰 NEW ZEALAND — 289

正能量满溢——新西兰葡萄酒 — 302

葡萄牙 PORTUGAL — 304

漫画：葡萄牙软木塞发现之旅 — 312

南非 SOUTH AFRICA — 315

西班牙 SPAIN — 319

漫画：奇妙的里奥哈 — 320

美国 USA — 335

— 自序 —

真情自白

How I started
doing sketch
tasting notes

2009年年底我回了一趟台湾，逛诚品书店时发现了一本叫作"手绘人生"（*An Illustrated Life*）的书。编著者丹尼·葛瑞格利（Danny Gregory，网站：dannygregory.com）是个插画家，从三十几岁开始用素描本手绘日记，并且在网络上创立了一个插画社群，让专业或业余的人们分享自己的手绘作品。翻开这本搜罗了许多作者精美手绘作品的书，艳羡赞叹之余，我那尘封已久的创作欲，竟然又开始不安分地蠢蠢欲动起来。

我想重拾画笔，为自己的生活也留下些记录，于是开始思考：到底画些什么好呢？画册的前几页，我画了些生活周遭的人、事、物，接着没过多久，每天接触的葡萄酒就开始一一地出现在我的手绘笔记本

上了。打从迷上葡萄酒后我就开始做品酒笔记，记录与分析的方式一直在演进着——起初是单纯地逐条列出外观、气味、口感和总结，慢慢地加入了一些自己的感受，再加入评分，后来又取消评分（因为老实说，给酒打分数不是一件很有理论基础的事）。后来学了WSET（英国葡萄酒与烈酒教育基金会）的品酒笔记撰写方式，笔记又变得比较有系统一点儿。但久了以后又发现，过于技术性的品酒笔记反而像是一串互不相干的规格说明，无法传达酒整体带给人的细微感受，所以目前我喜欢的是系统和感性并行的记录方式。

几年下来，我已经累积了近300幅手绘品酒笔记以及相关的人物、酒乡景色和酒具的素描，在本书里因为

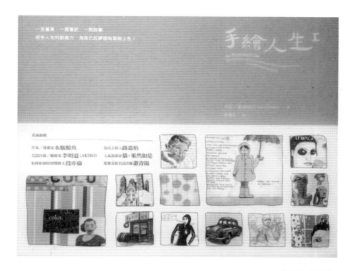

《手绘人生》

篇幅限制，只能选择个人比较满意的作品收录。我所描绘的酒款都是很随缘的，有顶级名庄的，也有名不见经传小酒庄的，以及大众化的日常餐酒。其实还有很多好酒想放入本书，但因为这两年一直马不停蹄地旅行采访和讲课，出版之日已一延再延，只得留待下一本了。在此也对一直耐心等待的出版社编辑和读者们表达深深的感谢！

加上了插图的品酒笔记，可以呈现出很多文字描写不到的细节，例如瓶身与酒标的设计，酒友的画像，甚至是反映酒风格的涂鸦，日后自己回头翻阅也会觉得非常有意思。为了让这笔记更有"味道"，我还常把当时品尝的酒滴一滴上去，于是这酒的DNA也就被保存下来了。而如果状况许可，我也会请与这

酒相关的人们在笔记上签名，其中包括了庄主、酿酒师、品牌大使和销售总监等，他们当中有些人也会留言与我进行互动，让这笔记又多出了妙趣横生的人味。

最近，我在微博上的一些粉丝也开始分享他们的酒标手绘创作，看到大家尽情感受品酒与绘画结合的乐趣，能够作为这么一个抛砖引玉的人，我也相当开心。在此祝各位读者赏画、品酒愉快，Cheers！

林殿理 Denis Lin
2014年4月20日

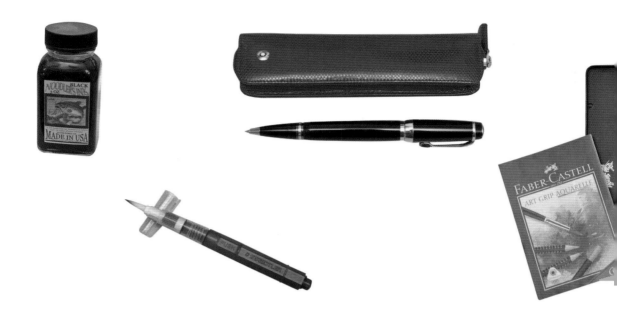

可以用来创作的媒材非常多样，各有其特性，并没有哪个就一定更好的说法，而是需要根据自己的喜好、创作时的环境条件以及目的性来选择。

由于经常在外品酒，需要便于携带旅行，因此我决定使用素描本来作画。经过多方比较，我选择了 Moleskine 品牌的 Sketchbook Carnet de croquis 素描本。这个来自欧洲的品牌，因为受到许多大文豪和画家的喜爱而闻名，在台湾诚品书店、香港部分连锁书店和上海的少数进口书店可以买得到。当然，Moleskine 在北京、上海一些高端百货商场也有专柜。它的大小是 130mm × 210mm，共 104 页。选择它的原因除了易于携带，页数多，最重要的是它的纸质。因为我喜欢用美术钢笔作画，又喜欢双面使用，所以要求墨线必须细致分明，不洇开不起毛，而且不能轻易透到纸背，试了许多牌子之后，就只找到这一款素描本能满足我的需求。

至于使用什么笔，其实也不是一开始就决定的。刚刚重拾画笔时不是很有自信，怕使用一般墨水一笔下去画错没法改，于是找到了一种日本制的可擦拭墨水圆珠笔。使用了一阵子，开始觉得这种特殊墨水不能被纸纤维充分吸收，颜色不够深、不够锐利，继而又担心日子久了会掉色，于是开始鼓起勇气用无法修改的墨水来直接下笔。

画材画具分享

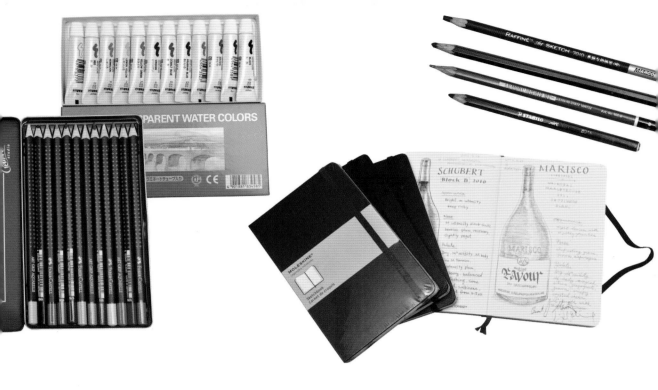

你也许会问，怕画错为什么不先用铅笔打草稿？事实上，要在品酒时进行手绘记录，可说是件分秒必争的工作。想象一下在空间有限的桌面上，摆着酒和几个大小形状不同的酒杯和素描本、笔，加上周边的人们同时进行着开瓶、醒酒、倒酒等各种动作，还必须在温度正确的时刻专心感受酒的味道并把品酒笔记的文字先记录下来，接着将酒瓶夺过来快速而仔细地描绘……如果还要先打草稿，时间实在是不够用。

至于笔，我使用德国品牌Rotring的F号Art Pen来画大部分的线条和文字，另外用来写美术字的，则是美国品牌Sheaffer的M号（1.3mm）Calligraphy Fountain Pen。这两款笔，为了自选墨水，都换上可填充式的墨管。比较了几种墨水之后，我现在使用的是在悉尼维多利亚女王大厦（QVB）一家专业笔店找到的美国品牌Noodler's Ink，它的颜色饱满深黑，而且干了以后就具有防水性，即使我再用水彩上色也不会洇开，相当好用。

至于上色，一般来说我有两种方式，一种是使用水溶性彩色铅笔，另一种是透明水彩。水溶性彩色铅笔适合外出不方便带太多画具时使用，而水彩则比较适合在家里上色。用水溶性彩色铅笔着色后再使用水笔将颜料洇开，就能做出水彩画的效果，也能保留一些铅笔的笔触，增加画面的变化性。

以上画材画具仅供对画画有兴趣的读者分享，不过也不需要照单全收，只要找到适合自己创作风格的画材，就是最好的画材！

❶ 概略地想象一下酒瓶在画面中的位置，以及酒瓶的形状，不打草稿大胆下笔。比较复杂的酒标，可以先点出几个关键位置。

❷ 根据点描，补上线条或色块。

❸ 用平行线条画出云的层次，并以点描方式加深树丛与背景的山丘。

❹ 继续完善前景的草地和人物。

❺ 完成酒标最复杂的部分。

❻ 开始描绘酒瓶其他部分的细节。

❼ 区分酒瓶的明暗部位。

❽ 进一步加强瓶身的明暗对比与反光部位，用西洋书法笔写上酒名。最好由左而右、从上而下写字，避免手抹到未干的墨水。

❾ 小心地撰写品酒笔记，不要出现拼写错误或写不下的状况。有时因为品酒时没有时间作画，便会先写好笔记，后续再补画图。

* 为呈现作品原貌，本书手绘中的繁体字等手写字迹均未改动。——编者注

2013.1.6
鄭州
柯蘭庫爾酒業
開業新聞發布
酒會

CHATEAU LAFITE ROTHSCHILD 2002

Appearance
M⁺ dark ruby with garnet hue

nose
M⁺ intensity of smokiness, very ripe black fruits, cassis, some pepper, used leather, mint, slightly fur notes.

palate
Dry, M⁺ acidity, tannins. M⁺ body & alcohol, round & ripe. M⁺ intensity of blackberry, cassis, tobacco & pepper spiciness. Long finish of dried herbs, hawthorn, plum. Powerful & ripe rather than elegant.

Suggest to put for 5-7 years more

阿根廷

ARGENTINA

阿曼卡亚特级珍藏 2007年份干红葡萄酒

Amancaya Gran Reserva 2007
Malbec,Cabernet Sauvignon (Mendoza)

- 它的颜色呈深浓的宝石红色，带点儿紫色反光，有着饱满馥郁的烘烤咖啡豆、雪茄盒与皮革气味。干型，中高酸度和酒精感，饱满单宁，丰富的层次感中带有青椒、意式浓缩咖啡、黑巧克力、甘草和橡木味。
- 年轻、摩登的国际风格，口感平衡度良好，具有强强联手的大家风范。

◆ 品尝于2010年4月2日

这款酒是由阿根廷酒业巨擘 Catena Zapata 和法国波尔多拉菲集团（Domaines Barons de Rothschild）合资、技术合作的凯洛酒庄（Bodegas Caro）所出品。酒名 Amancaya 是阿根廷一种花的名字（见酒标中央），当地妇女在春天时常常摘来装饰在头发上。

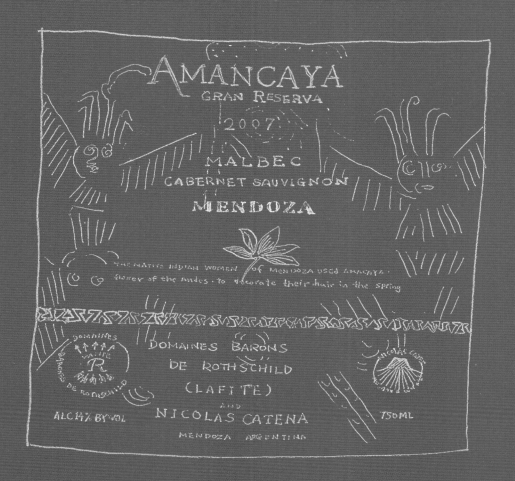

Appearance: Mt Deep purple ruby.

Nose: Baked coffee bean, cigar box, leather

Palate: Dry, Mt acidity. Mt alcohol, Mt tannins, oak
licorice, bell pepper, espresso, dark chocolate

International style, young, modern, good balance
noble family.

澳大利亚

AUSTRALIA

总酿酒师在素描本上签名

恋木传奇2008年份长相思赛美蓉干白葡萄酒

Brokenwood Cricket Pitch 2008
Sauvignon Blanc, Semillon

(Hunter Valley)

- 板球（cricket）是澳大利亚很流行的运动，这款波尔多式混酿白葡萄酒便是以它命名。
- 浅柠檬黄的色泽，葡萄柚、番石榴、柑橘等水果香气，带着点儿矿石气息。
- 清新爽口的酸度，轻酒体，有着令人愉悦的葡萄柚、番石榴等果味。

◆ 品尝于2010年6月4日

　　恋木（Brokenwood）酒庄的历史只有短短的40年，当初几位在法律行业工作的股东因为兴趣而集资一起酿酒，泰斗级的澳大利亚葡萄酒作家詹姆斯·哈利德（James Halliday）也是其中一员。他们流传至今的格言就是"快乐酿好酒"（Make great wine and have fun）。酒窖二楼，品酒室的隔壁就是一个大大的开放式厨房，旁边是个摆放了许多床垫的大通铺。每年收成酿酒季节，这里总会聚集许多来自世界各地对酒充满热情的来帮忙的年轻人，虽然酬劳不多，但保证吃得好、喝得好，大厨会驻守在厨房随时提供美食喂饱每个人。酒槽旁的墙壁上记录了每个人第一天来到这里的体重，据说当工作结束互道再会时，每个人至少都会重上好几斤。

2010.6.4. Hunter Valley. Australia. 澳洲

in Brokenwood Winery.

Brokenwood
CRICKETPITCH
Sauvignon Blanc, Semillon
55%   45%
2008

Appearance: Pale yellow.

Nose: Grapefruits, guava.
       citron. mineral

Palate: Refreshing,
Crispy acidity, light
body, grapefruit, guava.

signature of wine maker

2008
BROKENWOOD
CRICKETPITCH
SAUVIGNON BLANC, SEMILLON
750ml

ALSO Tasted: Semillon, Viognier, Chardonnay, CS/Merlot/Shiraz/Petit Verdot,
Sangiovese, Pinot Noir, Shiraz (Graveyard) (Wade) - full. fresh. cool.
(cooler. fresh) Indigo

宝灵谷2004年份珍藏赤霞珠干红葡萄酒

Brookland Valley 2004 Reserve Cabernet Sauvignon

(Margaret River)

● 深宝石红色，带有紫色反光，草本植物、薄荷气味之后出现黑李子香气。

● 干型，中高酸度，丰富的蓝莓、黑李子和樱桃果香，透出薄荷的清凉感。中等偏强的单宁具有丝滑的质地，余味中带有梅子、甘草和木头的烟熏味，成熟而平衡。

◆ 品尝于2010年11月30日

宝灵谷酒庄（Brookland Valley）由琼斯家族（Jones Family）于1984年在Willyabrup成立，原本想从事的是奶酪生产，但后来发现他们的庄园更适合种植葡萄，于是改变主意成立了酒庄。他们在1988年推出第一个年份的酒款，同年也开设了知名的Flutes餐厅，并成为玛格利特河（Margaret River）产区的游客不可错过的酒庄餐厅之一。接着他家在1998年推出很受欢迎的平价酒款Verse 1（旋律一号），后来酒庄在2004年被BRL Hardy集团并购。

酒标上的裸体吹笛小童是根据酒庄的一座雕像所画成，他就是希腊神话中掌管森林、动物的潘神。酒庄主人希望得到潘神的护佑，于是设计了这个可爱的酒标。

从北京带回来,与James Halliday,澳洲大使一起用多时开的.

Appearance: Deep ruby purple.

Nose: Herb, mint, prune.

Palate: Dry, M+ acidity.
intense blue berry.
prune, cherry.
mint, M+ silky tannins,
plum in after taste.
ripe, balanced.
licorice, smoked wood.

酒浑

BROOKLAND
VALLEY
Margaret River

2004
RESERVE
CABERNET
SAUVIGNON

750mL

恒福山鱼笼2009年份
赛美蓉长相思干白葡萄酒

Hungerford Hill Fishcage 2009
Semillon, Sauvignon Blanc
(Hunter Valley)

● 明亮的浅柠檬黄色，有清新的番石榴、小黄瓜香气。
● 清爽宜人的中等酸度和中等酒体，有着青草、胡瓜和番石榴等蔬果味。

◆ 品尝于2010年6月4日

　　恒福山酒庄（Hungerford Hill）的酒窖由新颖前卫的几何造型所构成，里面也经营了一个相当不错的餐厅，前来享受美食美酒的客人络绎不绝。它成立于1967年，前身叫"一条破路"（One Broke Road）。事实证明这前身确实很破，由于运营效率不彰，酒销量一直很差，直到2002年柯比家族（Kirby Family）将它买下整顿，一切才开始上轨道。

　　目前这家酒庄的产量已经由以前的两万箱提升到五万箱，也出口到全球的各主要葡萄酒市场。酒庄的招牌酒是Hunter Valley Semillon，它的2008年份被著名酒评人詹姆斯·哈利德（James Halliday）评了五颗星，有着丰富的草本植物芳香和柠檬气味，余味十分悠长，估计有15年的陈年实力。另外，Tumbarumba霞多丽和黑皮诺，以及Epic Hunter Valley Shiraz这几款酒也得到了相当高的评价。

　　画里的这款Fishcage，酒标上的图案是鱼身形状的笼子，红线的另一端绑着一把钥匙，看起来有点儿神秘又有点儿抽象。他们给这款酒设计的格言是"如果你能朝着浪游去，为何要站在岸边？"（Why stand on shore, when you can swim against the tide），也算是一款励志的酒吧！

Fishcage 09/ Semillon, Sauvignon Blanc

Appearance: Pale yellow
Nose: Fresh guava, cucumber
Palate: Refreshing, light to medium acidity body, guava, grassy big cucumber. easy drinks.

signature of winemaker

格罗斯波利山2009年份
雷司令干白葡萄酒

Grosset Polish
Hill 2009 Riesling

(Clare Valley)

酿酒师杰弗里在素描本上签名

- 浅柠檬黄色，清新的柑橘类水果香气。
- 非常干净清新的口感，中高酸度，柑橘类的果味为主题，带出片岩般清冽的矿石感，整体均衡而精致。

◆ 品尝于2010年6月7日

　　格罗斯酒庄（Grosset）庄主杰弗里·格罗斯（Jeffrey Grosset）的光头造型和棱角分明的五官，让刚见面的人还真觉得有点儿凶狠冷酷的感觉，但当他一开口说话，却是温文、轻柔而又有点儿腼腆，反差相当大。他在澳大利亚南部克莱尔谷（Claire Valley）于1981年创立的格罗斯酒庄，是个不折不扣的精品型酒庄，每年只生产6款酒。酒庄成立至今已有30余年，目前仍然只有7位员工，每年总产量也只有9 000箱，他的想法很单纯——追求酿出精致的好酒，不想扩产成为酿普通酒的大酒厂。也就是这样的坚持，让他在1998年德国汉堡举行的雷司令高峰会中被选为年度国际雷司令酿酒师，并且在2006年被英国杂志《Decanter》选为世界十大白葡萄酒酿酒师之一。

　　除了酿好自己的酒，杰弗里也积极参与业界事务，致力于提升澳大利亚酒整体的酿造技术。比较具有代表性的成就是对于金属旋转瓶盖的研究与推广，他可说是让澳大利亚普及金属旋盖的主要推手之一。

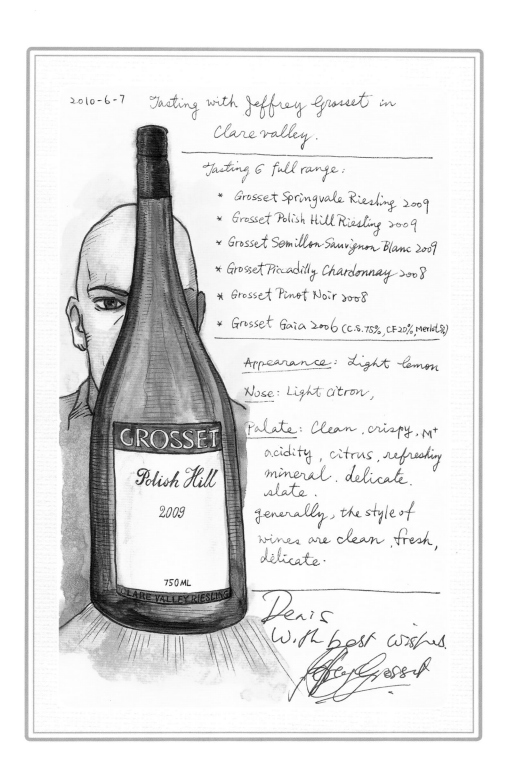

2010-6-7 Tasting with Jeffrey Grosset in
Clare valley.

Tasting 6 full range:

* Grosset Springvale Riesling 2009
* Grosset Polish Hill Riesling 2009
* Grosset Semillon Sauvignon Blanc 2009
* Grosset Piccadilly Chardonnay 2008
* Grosset Pinot Noir 2008
* Grosset Gaia 2006 (C.S. 75%, CF 20%, Merlot 5%)

Appearance: Light lemon

Nose: Light citron,

Palate: Clean, crispy, M+
acidity, citrus, refreshing
mineral. delicate.
slate.
generally, the style of
wines are clean, fresh,
delicate.

Denis
With best wishes.
Jeffrey Grosset

GROSSET
Polish Hill
2009
750 ML
CLARE VALLEY RIESLING

庄主在素描本上签名

翰斯科蒂利庄园2007年份干白葡萄酒

Henschke Tilly's Vineyard 2007

(Barossa Adelaide Hills)

- 混酿的白葡萄酒，葡萄品种包括赛美蓉（Semillon）、长相思（Sauvignon Blanc）、霞多丽（Chardonnay）和灰皮诺（Pinot Gris）。
- 浅金黄色，中等强度的片岩矿石气味、绿色杨桃香气。
- 干型，中高酸度，有成熟的杨桃、菠萝、橘子和香瓜等丰富果味，中等酒体，有着矿物质的口感。

◆ 品尝于2010年1月

由波兰移民约翰·克里斯蒂安·翰斯科（Johann Christian Henschke）于 1861 年在澳大利亚南部伊顿谷（Eden Valley）种下第一棵葡萄树而创立的这家澳大利亚著名酒庄，目前由家族第五代的史蒂芬·翰斯科（Stephen Henschke）和太太普吕（Prue）所经营。经过有机栽培的尝试之后，目前酒庄已全面采用了生物动力法。翰斯科的神恩山葡萄酒（Hill of Grace）在澳大利亚酒界中具有仅次于奔富葛兰许（Penfolds Grange）的江湖地位。

HENSCHKE Tilly's Vineyard
2007
Barossa Adelaide Hills

Alc. 12.5%   Imported by Torres

Appearance: Light gold.

Nose: Slate. green starfruit.
M intensity.

Palate: Dry. M+ acidity
ripe fruit. starfruit.
pineapple, orange.
melon. M body, mineral.

清新，有结構，有複杂度.

Sample →

好立克酒庄2006年份珍藏霞多丽干白葡萄酒

Hollick 2006 Chardonnay Reserve (Coonawarra)

● 中等金黄色，浓郁的矿石、橡木气息并带有成熟的桃子、苹果和玉米味。

● 干型，中等偏高酸度，中等强度的成熟杨桃、菠萝味，带有圆润的奶油味和橡木味，架构紧实，中等略短的余味。

◆ 品尝于2010年7月9日

这家中型酒庄位于澳大利亚南部库纳瓦拉（Coonawarra）著名的底层石灰岩上有红土壤（Terra Rossa）的精华地带。虽然旗舰品种是当地最知名的赤霞珠，但也种植设拉子（Shiraz）、梅洛（Merlot）、巴贝拉（Barbera）、内比奥罗（Nebbiolo）和桑娇维塞（Sangiovese）等其他葡萄品种。

葡萄之路翰林山2009年份雷司令干白葡萄酒

Petaluma 2009 Hanlin Hill Riesling (Clare Valley)

● 参观这家酒庄时品尝了多款酒，酒庄的大水车令人印象深刻，这也是我非常喜欢的澳大利亚南部酒庄之一。

● 这家酒庄的传统法起泡酒酿造得很好，红葡萄酒和白葡萄酒整体上都有着良好的架构，均衡而且果味宜人。

◆ 品尝于2010年6月9日

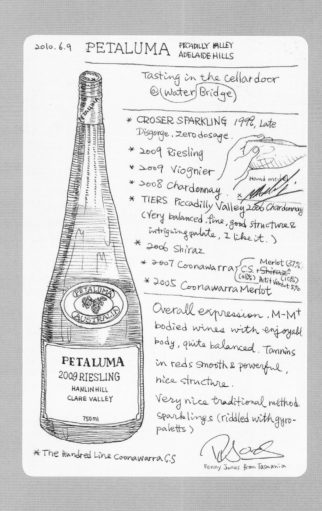

St Hugo

杰卡斯雨果2006年份赤霞珠干红葡萄酒

Jacob's Creek St. Hugo 2006
Cabernet Sauvignon
(Coonawarra)

- 深浓的宝石红带点儿紫色。浓烈的新鲜黑色莓果、樱桃香气，并带有微微的青椒、桉树气味。
- 干型，紧密扎实的黑樱桃、青椒、雪松木味，口感紧实但同时具有顺滑而细致的单宁，甘草般的余味。

◆ 品尝于2010年11月11日光棍节——与总酿酒师伯纳德・希肯（Bernard Hickin）

　　杰卡斯（Jacob's Creek）是保乐力加（Pernod-Ricard）集团所拥有的大型品牌，产品线众多而齐全。代表性的高端品牌除了这款库纳瓦拉赤霞珠，还有伊顿谷（Eden Valley）的Steingarten雷司令（Riesling）、Johann设拉子赤霞珠、Centenary Hill设拉子和Reeves Point霞多丽等葡萄酒。

　　我曾在库纳瓦拉当地做过此酒十几个年份的垂直品尝，感受到它非常好的陈年实力，一般来说陈年10~15年之后的酒表现最佳。

2010.11.11 @ HangZhou 楊公堤
花港观鱼 知味观味楼

JACOB'S CREEK
St Hugo

COONAWARRA
CABERNET SAUVIGNON
2006

Appearance:
Dense ruby with purple
purple hue.

Nose:
Intens fresh black berries.
Cherry. green pepper.
Eucaliptus.

Palate:
Dry, intense black cherry.
green pepper, cedar.
licorice, firm but smooth
& delicate tannins.

My favourite wine!!

Bernard Hickin
Jacob's Creek Chief Winemaker

2012.11.27
2009- Ruby Purple, upfront
eucaliptus, oak, intensed
cassis, berries.
very firm, intensed cherry.
berries, round, ripe, jammy
wt fine tannins, licorice.
spicy finish.

Best Wishes
Sam Kurtz
also 01.94.
chief winemaker Sam Kurtz

(bottle label) JACOB'S CREEK™ St Hugo™ COONAWARRA CABERNET SAUVIGNON 2006 100274

庄主在素描本上签名

约翰杜瓦尔艾丽宫2005年份
设拉子干红葡萄酒

John Duval 2005 Eligo Shiraz

● 深浓几近不透明的深宝石红带紫色。优雅，中等强度的黑樱桃和雪松木香气。

● 干型，中强酸度，中等偏饱满酒体，柔顺细致的中等强度单宁。细致内敛的风格，带有黑莓、樱桃和巧克力蛋糕味，集中而均衡，有甘草余味。尝起来依然相当年轻。

◆ 品尝于2010年7月16日，酿酒师约翰·杜瓦尔（John Duval）2011年11月14日签名于上海

　　这款酒的酿酒师约翰·杜瓦尔在奔富庄（Penfolds）工作29年，其中1986～2002年担任首席酿酒师，当时顶级的葛兰许（Grange）都是出自他手。2003年他自立门户，出人意料地没有酿造类似葛兰许风格的强劲大酒，而是出品了一款优雅的，由歌海娜（Grenache）、设拉子（Shiraz）、幕尔伟德（Mourvèdre）混酿的，叫作Plexus的酒。这款Eligo是他2005年第一次发布的珍藏级设拉子。

　　有趣的是，后面有一款Grange 1996的笔记（见25页）他也一并帮我签名了，因为那也正好是他在奔富酒庄时酿的酒。

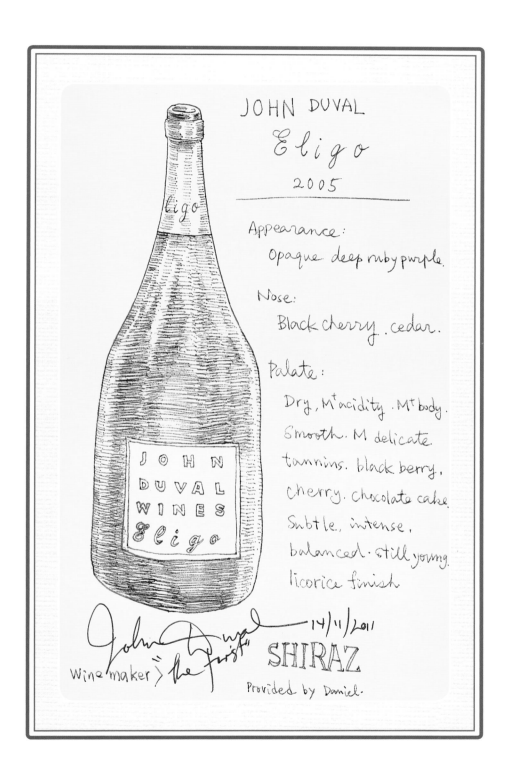

JOHN DUVAL
Eligo
2005

Appearance:
Opaque deep ruby purple.

Nose:
Black cherry. cedar.

Palate:
Dry, M⁺acidity. M⁺body.
Smooth. M delicate.
tannins. black berry.
cherry. chocolate cake.
Subtle. intense.
balanced. still young.
licorice finish

14/11/2011

SHIRAZ

Provided by Daniel.

Wine maker ⟩ the "first"

酒多到快睡着了。

MARICE O'SEA
U   H

2005 shiraz

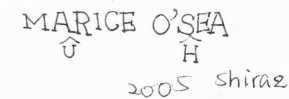

Appearances
Deep ruby purple

Nose
Oak, forest leaves, soil.
prune juice.

Palate

M bodied. medium ripe.
prune, M+ → high tannins.
intense black & blue berries.
M delicate. tannins.

Signature of wine maker.

ALSO TASTED:
Lovedale. Elizabeth Semillon.
several chardonnays. also MWs.
JJ Range. Riesling. Pinot Grigio.
Riesling. Merlot 2008. MWCS.
Shiraz.

Bottle label:

MOUNT PLEASANT

MAURICE O'SHEA

2005 SHIRAZ

LEGENDARY WINE MAKER DRINKING
HUNTER VALLEYS MOUNT PLEASANT.
TRIBUTE TO 12 YEARS THAT ENDS
AS ONE OF AUSTRALIAS GREATEST

750ml

Maurice O'Shea愉悦谷2005年份设拉子干红葡萄酒

Maurice O'Shea 2005 Mount Pleasant Shiraz

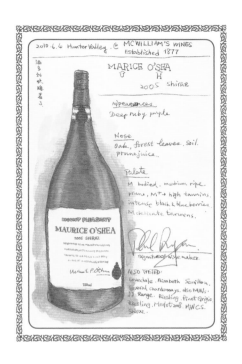

- 深宝石红带紫色。橡木、森林底层落叶、土壤的气味，黑枣汁香气。
- 干型，中等酒体，中等强度、集中的成熟黑李子味、蓝黑莓果味，以及初尝细致质地、中等强度，但逐渐变得饱满的单宁。

◆ 品尝于2010年6月4日

传承六代，早从 1877 年就开始酿酒的 McWilliam's 酒庄，目前已经是在不同产区拥有好几个酒庄，员工超过 300 人的集团了。这款酒来自集团酒庄之一的 Mount Pleasant（愉悦谷），并以传奇名酿酒师莫里斯・奥谢伊（Maurice O'Shea）的名字为它命名。1914 年，17 岁的酒商家族长子莫里斯・奥谢伊在家族友人的资助下前往法国学习酿酒，天赋异禀的他在 1921 年学成归国后，便说服母亲买下现在愉悦谷酒庄所在地的葡萄园。

酿酒师在素描本上签名

在那个年代，澳大利亚酒庄都习惯沿袭欧洲酒的产区名称来给酒命名，例如勃艮第之类的。而莫里斯・奥谢伊则是第一个用家人及朋友名字来给酒命名的人。早在澳大利亚市场还是以加烈酒（Fortified Wines）为主流的年代，他就预见到一般餐酒即将取而代之的前景，并且酿造出品质很高的作品。这款以传奇酿酒师命名的酒，是本庄最高等级的旗舰酒。

奔富葛兰许1996年份设拉子干红葡萄酒

Penfolds Grange 1996 Shiraz

(South Australia)

● 浓郁的深宝石红色。中等偏强的黑巧克力樱桃蛋糕香气，以及隐约而柔和的橡木气息。

● 干型，中等酸度，强劲集中的黑色水果味。中等偏饱满酒体，略带果酱般的口感，融合得相当好的橡木味、黑色巧克力味。丝绸般的单宁，余味绵长而优雅。

● 感觉像是个高学历、有教养的精英，内敛而自信。

◆ 品尝于2010年7月16日

奔富或许可说是澳大利亚最知名的酒庄了。它的顶级酒葛兰许（Grange）在全世界享有传奇般的地位；始酿于1951年，采用澳大利亚南部的设拉子酿造，在美国橡木桶中培养。它以陈年实力强而著名，都在数十年以上。

PENFOLDS GRANGE   South Australia SHIRAZ 1996

APPEARANCE

Deep ruby.

Nose.

Mt, intense, black
chocolate & cherry cake.
nice oak.

Palate

Dry. M acidity.
intense black fruits.
Mt body. jammy.
well integrated oak.
dark chocolate.
licorice. silky tannins.
long & refined
finish.

feel fb like young
elite estite. Well educated
with good manner.
yet confident & proud.

< Same

(on the label sketch:)

DEDICATED TO
MAX SCHUBERT
1916-1994

Penfolds

Grange

SOUTH AUSTRALIA
SHIRAZ

VINTAGE 1996   BOTTLED 1997

RED WINE PRODUCT OF 750 ml VIN ROUGE
PRODUCED BY PENFOLDS WINES PTY LTD

John Duval.
one of my
favourite
Provided by Ray. Vintage

Peter LEHMANN
2006
BAROSSA
SHIRAZ

Appearance:
Dark ruby

Nose
Dark berries, mint,
prune, fresh & deep.

Palate
Dry, M acidity, jammy
black berry, prune, plum
black coffee, licorice,
M+ body, ripe, elegant
luscious tannins, rich
Very balanced & enjoyable

☆ Recommended!!

THE ART OF THE WINE
ARTIST: TOBY RICHARDSON
14.5% vol.

彼得利蒙2006年份设拉子干红葡萄酒

Peter Lehmann 2006 Shiraz
(Barossa)

● 暗宝石红。新鲜浓郁的深色莓果、薄荷、黑李子香气。
● 干型，中等酸度，果酱般的口感，有着黑莓、李子、梅子、黑咖啡和甘草味。中等偏饱满酒体，成熟、优雅而迷人的丰厚单宁，整体相当均衡。

◆ 品尝于2010年4月23日

　　在彼得利蒙酒庄（Peter Lehmann）的酒标上，可以找到特有的扑克牌标志，这源于酒庄本身的一场世纪豪赌。原来，在20世纪70年代末，澳大利亚曾经因为葡萄酒产量过剩，前景不被看好，政府鼓励农民们放弃种葡萄，改种其他作物。Peter Lehmann庄园的主人坚定地认为巴罗萨谷地是澳大利亚绝佳的葡萄酒产地，决定不理会政府的宣传，继续投入全部的热情以及人力、物力，一心一意地酿好酒。事实证明，他的赌注确实下对了，如今的巴罗萨谷早已是最具代表性的澳大利亚产酒区，而Peter Lehmann酒庄的优质好酒也行销世界各国，成为澳大利亚人的骄傲。

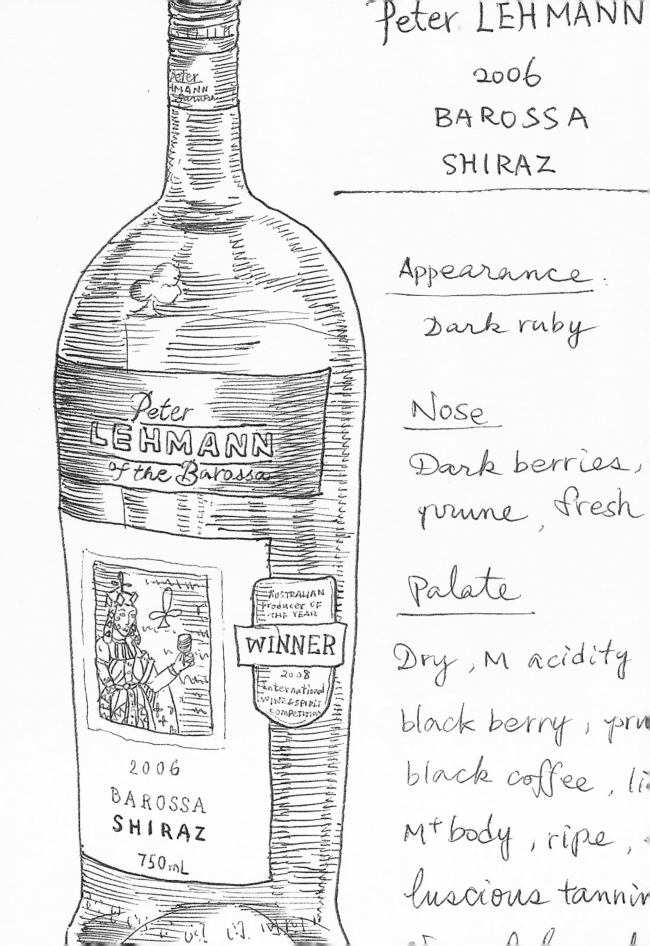

Peter LEHMANN
2006
BAROSSA
SHIRAZ

Appearance:
Dark ruby

Nose
Dark berries,
prune, fresh

Palate

Dry, M acidity
black berry, pru
black coffee, li
M⁺ body, ripe,
luscious tannin

菲佛酒庄稀有托佩克利口甜酒

Pfeiffer Old Distillery Rare Topaque
(Rutherglen)

● 深褐色。中等强度的干果、葡萄干、橘子酱、焦糖、龙眼干和干燥草本植物气味。
● 甜型，有着草本辛香料、果酱、橘子皮等味道，并有点儿薄荷的清凉感。余味长而复杂，有趣而迷人。无年份，以多个年份的酒混调而成。

◆ 品尝于2011年4月4日

　　澳大利亚著名的利口甜酒有：以Muscat Blanc à Petits Grains葡萄（在当地称作Brown Muscat）酿造的Muscats酒，以及用Muscadelle葡萄酿成的Tokays酒。它们的产地位于维多利亚省东北部的路斯葛兰（Rutherglen）。当地晚收的葡萄在炎热高温中干缩成葡萄干，压榨得到的汁液又甜又浓。如同法国南部自然甜酒的酿法，高浓度的酒精在发酵完成前就被加入酒中。这种甜酒是在炎热棚屋中，以类似雪莉酒的叠桶法陈酿，因此强烈的蒸发作用使得酒体更加浓缩，并带来明显的氧化味。它的口感浓郁甜滑，带有葡萄干、杏桃和陈皮等丰富的香气以及迷人的焦糖、太妃糖、咖啡等口感，适合在餐后搭配甜品，或直接作为甜品饮用。

　　由于十几年前匈牙利加入欧盟，"Tokaji"（托卡伊）名称受到保护，故澳大利亚与其相近的"Tokay"一词已不能再使用，现在已改称Topaque。

2011. 4. 4. @ McLaren Vale, Australia, Chapel Hill winery

PFEIFFER

OLD DISTILLERY

RARE

RUTHERGLEN

TOPAQUE

Deep brown.

Medium intensity in nose,
with notes of dried fruits,
raisin, herbs, marmalade,
caramel, dried longan.

On palate, sweet, with
herb, spice, marmalade,
orange peal, mint flavor.
Long & complexed finish.

Very interesting, charming.

"Topaque" is the new name
for Australian "Tocai", for
EU demand.

沙朗酒庄M3园2008年份霞多丽干白葡萄酒

Shaw and Smith 2008
M3 Chardonnay

(Adelaide Hills)

庄主在素描本上签名

● 中等浅柠檬黄色。有着砂质土壤的气息，干净、清爽，有着淡淡的葡萄柚香气。

● 轻酒体，圆润清新，有着成熟番石榴、葡萄柚味，余味中带有一点儿矿物质的咸味。对我来说感觉更像赛美蓉酿的酒。

◆ 品尝于2010年6月9日

　　这家酒庄由迈克尔·希尔·史密斯（Michael Hill Smith）和马丁·肖（Martin Shaw）这对表兄弟在1989年建立。他们先是酿出了被认为澳大利亚数一数二的阿德莱德山丘长相思葡萄酒并因此成名，而后M3葡萄园单一园霞多丽葡萄酒也展现出准确、平衡和优雅的风格。他们酿的设拉子葡萄酒和黑皮诺葡萄酒也相当成功，让这家阿德莱德山丘最杰出的酒庄，也被越来越多人评价为澳大利亚最优秀的酒庄之一。

2010. 6. 9 **SHAW + SMITH** Adelaide Hills

Wines tasted:
* 2009 Sauvignon Blanc
* 2008 M3 Chardonnay
* 2008 Pinot Noir
* 2008 Shiraz {清新自然風味}

◇ Appearance: Pale lemon.

Nose: Sandy soil, clean,
　　　light grapefruit

Palate: Light, round,
refreshing, ripe guava,
grapefruit, to me more
like Semillon. a bit
mineral saltiness in the
finish.

Pinot: red, blue berries,
　　　　violet, m body, fresh.

Shiraz: Cool, clean,
M. bodied, black cherry,
a bit peppery, M smooth
tannins.

Sauvignon Blanc: Clean, grass,
citrus, crisp acidity, refreshing

SHAW SMITH
M3 Chardonnay
Adelaide Hills
2008
750ML

托布雷2006年份要素设拉子干红葡萄酒

Torbreck 2006 the Factor Shiraz

(Barossa Valley)

- 浓郁的深宝石红色。
- 中高集中度的成熟黑色水果香气，如梅子、李子、樱桃，以及巧克力气味与薄荷的清凉感。
- 干型，中等酸度，饱满酒体；充足的黑色果实味，樱桃、李子味，以及紧接着果味出现的巧克力、甘草味。中等偏强劲的丝绸般单宁，悠长且带有烘烤味、辛辣味的余味。

◆ 品尝于2010年6月28日

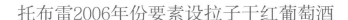

　　这家酒庄成立于 1994 年，掌门人大卫·鲍威尔（David Powell）曾在苏格兰从事伐木业，所以不忘老本行，在旗下几款酒的命名上用了相关的术语。酒庄历史虽不长，但他从在欧洲和美国加州酿酒的实践中，带回许多与澳大利亚南部其他酿酒师不同的理念，酿出了既饱满浓郁却又不缺细致均衡的好酒，从而在国际上也享有更高的价格和名气。法国罗讷河产区的品种是他的最爱，他的红酒以设拉子（Shiraz）、歌海娜（Grenache）、幕尔伟德（Mourvèdre，在澳大利亚称作Mataro）的单一品种以及混酿为主，并有马珊（Marsanne）、胡珊（Roussanne）、维欧尼（Viognier）等白葡萄品种。

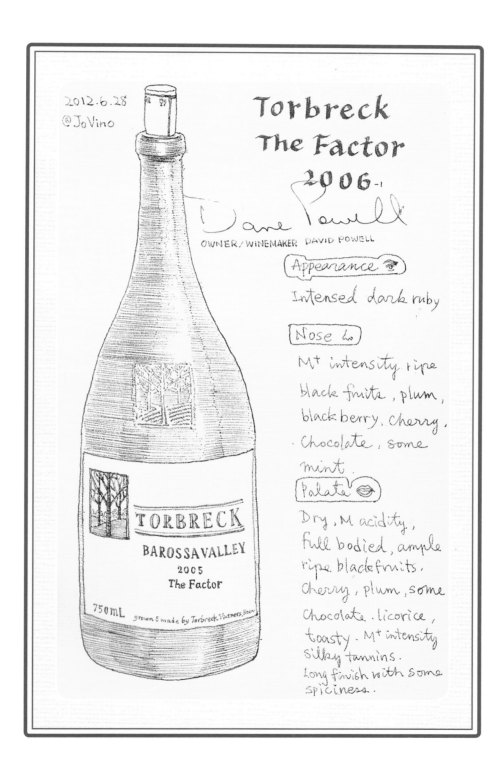

2012.6.28
@JoVino

Torbreck
The Factor
2006.1

OWNER/WINEMAKER DAVID POWELL

Appearance 👁

Intensed dark ruby

Nose 👃

M⁺ intensity. ripe
black fruits, plum,
blackberry, cherry,
chocolate, some
mint.

Palate 👄

Dry, M acidity,
full bodied, ample
ripe blackfruits,
cherry, plum, some
chocolate, licorice,
toasty. M⁺ intensity
silky tannins.
Long finish with some
spiciness.

TORBRECK

BAROSSA VALLEY

2005

The Factor

750mL   grown & made by Torbreck Vintners, Roen

红顶鹳庄园2006年份设拉子干红葡萄酒

Turkey Flat Vineyards 2006 Shiraz
(Barossa Valley)

● 浓郁的深紫色。黑李子、黑巧克力、樱桃果酱香气，还带有草本植物、香草奶油的丰富气味。
● 干型，中高酸度，饱满的黑李子、黑莓果味，衬以青椒、烟熏木桶和草本植物味。中等偏饱满的酒体，厚实但匀称的单宁。余味集中而持久。

◆ 品尝于2010年3月5日

　　舒尔茨家族（Schulz Family）从1865年就在巴罗萨谷经营农场，但直到20世纪90年代初期家族第四代的彼得·舒尔茨（Peter Schulz）才开始酿酒，不过很快就因优秀的出品而受到瞩目。这款用法国橡木桶培养的设拉子，充分呈现出此地的风土特色。他们主要酿造罗讷河谷特色品种的红、白葡萄酒，而口感饱满的桃红酒尤其成功，占总产量的40%。

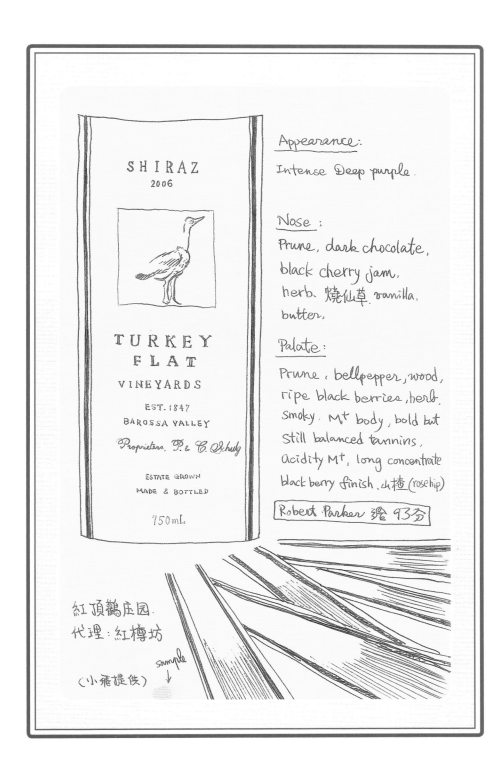

SHIRAZ
2006

TURKEY
FLAT
VINEYARDS

EST. 1847
BAROSSA VALLEY

Proprietors. P. & C. Schulz

ESTATE GROWN
MADE & BOTTLED

750 mL

Appearance:
Intense Deep purple.

Nose:
Prune, dark chocolate,
black cherry jam,
herb, 燒仙草, vanilla,
butter,

Palate:
Prune, bellpepper, wood,
ripe black berries, herb,
smoky. M⁺ body, bold but
still balanced tannins,
Acidity M⁺, long concentrate
black berry finish, 山楂 (rosehip)

Robert Parker 評分 93分

紅頂鸛庄园.
代理:紅樽坊

(小飛提供)
sample
↓

御兰堡2007年份赤霞珠设拉子干红葡萄酒

Yalumba 2007 the Scribbler
Cabernet Shiraz

(Barossa Valley)

● 浓郁至近乎不透明的深紫色。浓郁的黑樱桃和新鲜莓果香气。
● 干型，集中的黑樱桃和莓果味，清新均衡的中度酒体和中度宜人单宁。

◆ 品尝于2010年6月8日

　　御兰堡（Yalumba）始创于1849年，是澳大利亚最古老的家族酒庄，更是巴罗萨葡萄酒的重要标志。

　　它位于澳大利亚最重要的葡萄酒产区巴罗萨谷谷底，其最早的葡萄藤种于1889年，也是世界上最古老的葡萄园之一。这些古老的葡萄藤虽然产量很低，但其果实味道浓郁，可酿出充沛饱满的葡萄酒。橡木桶的制作工艺是御兰堡引以为傲的传统之一，它是澳大利亚唯一一家自有制桶工场的酿酒厂。

2010-6-8 Tasting in YALUMBA, Barossa Valley
Guided by Brian Walsh, Director of
Strategy & Business Development

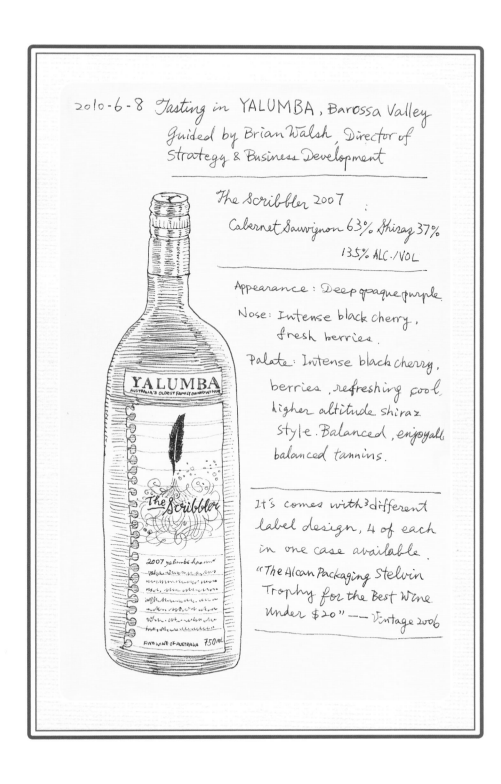

The Scribbler 2007
Cabernet Sauvignon 63% Shiraz 37%
13.5% ALC./VOL

Appearance: Deep opaque purple.
Nose: Intense black cherry,
 fresh berries.
Palate: Intense black cherry,
 berries, refreshing cool,
 higher altitude shiraz
 style. Balanced, enjoyable
 balanced tannins.

It's comes with 3 different
label design, 4 of each
in one case available.
"The Alcan Packaging Stelvin
Trophy for the Best Wine
Under $20" —— Vintage 2006

YALUMBA
AUSTRALIA'S OLDEST FAMILY OWNED WINERY

The Scribbler

2007 yalumba

FINE WINE OF AUSTRALIA 750mL

从一条内裤谈起

写作多年，含蓄的我还是破天荒第一次拿自己的贴身衣物出来公开讨论……这是我到澳大利亚逛酒庄时，在麦克拉伦谷（Mclaren Vale）的黛伦堡（d'Arenberg）酒庄里发现的战利品。内裤"重点部位"上印的是这家酒庄招牌酒之一——"The Dead Arm"死臂老藤设拉子的酒标。这酒名的寓意对于男士来说似乎并不是那么讨喜，倒是有点儿自我解嘲的味道——"是啊，在下就是个Dead Arm，姑娘请多多包涵吧……"世界的某个角落或许会有这样的一段对话发生，我想象着。

黛伦堡（d'Arenberg）的第四代传人兼总酿酒师切斯特·奥斯本（Chester Osborn）是年近50岁还留着金色长卷发、穿着招牌花衬衫的男子，酿酒功夫受到当地以及国际酒坛的高度评价。此外，多才多艺的他，年轻时也是个得过全国大奖的摄影师。灵活的营销头脑，让他能根据葡萄园或酿酒方式为每一款酒想出既幽默又耐人寻味的名字，让全世界的酒迷们一边品尝着他的酒，还一边为他做免费的口头传播，传诵着酒名背后的故事。

回头再谈谈"The Dead Arm"，这是一种霉菌侵入枝干修剪伤口而引起的葡萄藤疾病，会引起葡萄藤一边的枝干逐渐死去，常见于年事已高

第三代酿酒师

的老藤。在小心的照顾下，葡萄藤的另一边枝干可以继续存活，虽然果实的产量会变得很低，但所酿酒的风味却是惊人的浓郁而集中。这么说起来，内裤上印着这个酒标，似乎也不全然是负面的寓意咯！

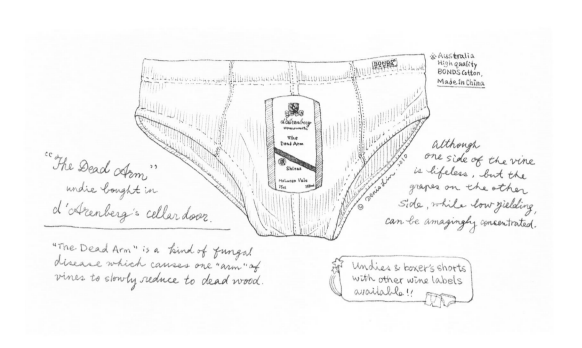

※ Australia
High quality
BONDS Cotton,
Made in China

"The Dead Arm" undie bought in d'Arenberg's cellar door.

"The Dead Arm" is a kind of fungal disease which causes one "arm" of vines to slowly reduce to dead wood.

Although one side of the vine is lifeless, but the grapes on the other side, while low yielding, can be amazingly concentrated.

Undies & boxer's shorts with other wine labels available !!

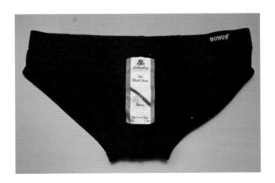

酒庄商品中心卖的一款内裤，上面印了"Dead Arm"死臂老藤西拉子的酒标

与老庄主d'Arry Osborn干一杯Dead Arm

奥地利

AUSTRIA

伊氏皇家酒庄2006年份Tesoro 干红葡萄酒

Esterházy 2006 Tesoro (Merlot, Cabernet Sauvignon)

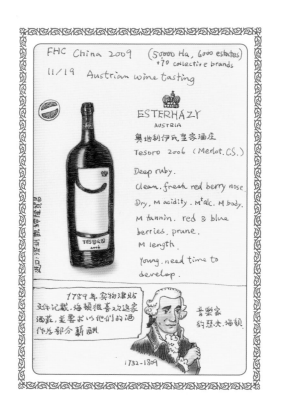

● 深宝石红色。干净、清新的红色莓果香气。

● 干型，中等酸度，中高酒精度，中等的单宁和酒体。宜人的红莓、蓝莓和李子果味，中等长度的余味。仍然相当年轻，再陈放几年更佳。

◆ 品尝于2009年11月19日

　　奥地利的葡萄酒园主要分布在东边，最特别的是首都维也纳，本身就是一个著名的产区，也是世界上唯一坐落在葡萄园当中的首都。讲到维也纳，首先想到的当然就是莫扎特、海顿这些著名的音乐家了。伊氏酒庄（Esterházy）是奥地利的历史名庄，当年海顿还因为很喜欢他们酿的酒，要求使用这家酒庄的酒来抵付自己的部分薪资。

AUSTRIA

奥地利伊氏皇家酒庄

Tesoro 2006 (Merlot. C.S

Deep ruby.

Clean. fresh red berry no

Dry, M acidity . M⁺ alc. M bod

M tannin. red & blue

berries, prune.

M length .

Young. need time to

develop .

1789年实物津贴
.海顿很喜欢这家
要求以他们的酒
分薪酬.

音樂家
约瑟夫.海

智利

CHILE

到世界的对面喝酒去——智利

虽然喝过许多来自智利的美酒，但这远在地球另一端的产酒国却不是经常能有机会前来造访的。终于，我梦想中的智利长征实现了，这令我兴奋不已！

经过漫长的飞行和两次转机，抵达圣地亚哥时正好是个阳光明媚的周日早晨。城市的规模大约和国内二三线城市相仿，不算特别干净摩登；一些商店招牌和海报的鲜明用色与构图，呈现了南美洲特有的热情奔放情调。街上有一些逛街和骑单车、玩滑板的人，气氛一派悠闲；大部分的人穿着都比较朴素，但看起来都很有幸福感，情侣们三三两两漫步着，不时就很自然地拥吻一番。我去兑换了些智利比索，发现币值小得可怜，3 000比索大约就只能买个肯德基套餐。

智利位于南美洲的西边，从北到南有5 000公里，东面隔着安第斯山脉与阿根廷相邻，是一个非常狭长的国家。此地的葡萄酒文化始于16世纪，西班牙殖民者将欧洲酿酒葡萄品种引进栽培并建立酒庄。首都圣地亚哥很早就成为酿酒中心，至今已经有400年以上不间断的酿酒历史。智利有很多适合种植葡萄的区域，但17世纪时西班牙为了保护本国的葡萄酒出口生意，曾经试图禁止智利扩增葡萄园，但收效甚微。当19世纪末，欧洲的葡萄园受到根瘤蚜虫病的侵袭而奄奄一息时，智利的葡萄园完全没有受到影响，依然是个非常健康的葡萄种植环境，葡萄藤也不需要嫁接在抗病的砧木上；原株的欧洲品种酿酒葡萄藤是智利人非常引以为荣的特色之一。

智利的葡萄酒业有不少来自法国的人才或资金的投入，我此行拜访的Lapostolle和VIK就是其中比较知名的酒庄。Lapostolle原名Casa Lapostolle，是由法国知名柑橘利口酒品牌Grand Marnier家族成员Alexandra Marnier Lapostolle和她的丈夫在1994年所创立的。目前酒庄拥有三个葡萄园，总面积370公顷，年生产大约20万箱的长相思、霞多丽、赤霞珠、卡门内和西拉等葡萄酒，出口到60个国家。该庄前几年完成了比较先进的重力引流式酒窖，并对游客提供了高档次的酒庄度假休闲住宿。住在葡萄园环绕的优雅环境中，你可以选择在无边际的泳池里自在徜徉，或是享受精美法餐和美酒的乐趣，不过价格也绝对不便宜！但它的

藏酒窖绝对令你印象深刻——一个大酒桌的玻璃台面，按下机关后会缓缓升起，露出藏在底下的通道。进入秘密通道后，眼前有如太空站一般的三层椭圆酒窖装修肯定让你叹为观止，而里面的收藏也绝不含糊，除了本庄的酒之外，还有许多来自世界各国顶级的名酒。

接着，我拜访了VIK酒庄。位于Millahue山谷的VIK，则是由挪威企业家亚历山大·维克（Alexander Vik）所创立的。他聘请了有40年酿酒经验的法国波尔多圣埃美隆特等列级庄，帕维酒庄（Château Pavie）的前任总酿酒师帕特里克·瓦雷特（Patrick Valette）来领导团队，花了两年时间巨细靡遗地研究了整个南美洲的土质，最终才在这里买下了4 300多公顷地。他们细分各地块不同的特性，种植最合适的葡萄品种，并分为多个小批量来酿造，最终才进行细致的调配，用的完全是法国名庄酒酿造的方式以及最先进的科技。VIK相当特别的一点是，虽然有这么大面积的葡萄园，却只酿一款酒，因此当瓦雷特带着我和几位专家品尝时，我们就只尝一款成品酒，以及来自几个不同地块、不同品种用来混酿的原酒。

在VIK酒庄留宿了一晚，我的房间一面墙是完整的透明落地窗，面向整个山谷溪流的景观简直令人迷醉。最近本庄的精品度假酒店刚刚完工开张，每间房间都是不同国家的设计师所设计的，风格各异，引人一探究竟。而新的酒窖也已经完工。整体外观相当低调，扁长形的建筑占地广大，但大部分空间都隐藏在地下，属于很节省能源的绿色建筑。

大约一周的行程中，我还密集地拜访了Valdivieso、Cono Sur、Maquis、Santa Rita、Tarapacá、Morandé、Arboleda 和 Errázuriz等名庄。每当我心想"这应该是此行最精彩的酒庄了吧？"，结果下一个酒庄却又让我更加流连忘返。它们近年来吸引了越来越多的游客，也让智利人对于酒乡之旅观光项目的前景充满了信心。在你的心中，智利葡萄酒依然只是"性价比"的代名词吗？如果是，那么我会建议你来智利逛逛酒庄，在这里等待着你的惊喜，绝对值得三十几个小时的长途飞行！

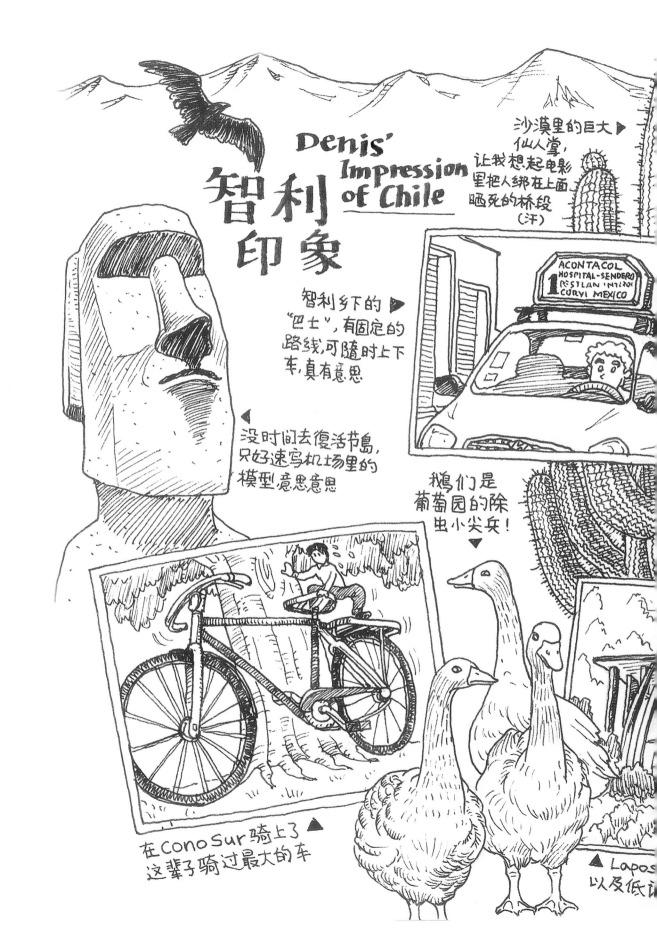

Denis' Impression of Chile

智利印象

沙漠里的巨大 ▶
仙人掌,
让我想起电影
里把人绑在上面
晒死的桥段
(汗)

智利乡下的 ▶
"巴士",有固定的
路线,可随时上下
车,真有意思

◀ 没时间去復活节岛,
只好速写机场里的
模型意思意思

鹅们是
葡萄园的除
虫小尖兵!

在 Cono Sur 骑上了 ▲
这辈子骑过最大的车

▲ Lapos
以及低

卡萨斯华酒庄阿图拉2005年份干红葡萄酒

Viña Casa Silva 2005 Altura

● 清澈，深宝石红色，有些许挂杯。干净，中高强度的香草气味和柔和的青椒、橡木桶香气。
● 干型，中等酸度，深色水果，例如黑醋栗的味道，衬以橡木、甘草味。中等偏强酒体，偏饱满的细腻单宁，中等长度的李子余味。

◆ 品尝于2012年1月2日

　　卡萨斯华家族于 1892 年从波尔多的圣艾美隆来到智利的空加瓜谷（Colchagua Valley），成为当地酿酒的先驱。而本庄则是由家族第五代的长子 Mario Pablo Silva 在 1997 年所创立的，是智利最负盛名的家族酒庄之一。它也是智利获奖最多、顶尖的酒厂之一，并获得 2000 年于伦敦举办的国际葡萄酒与烈酒竞赛（IWSC）的"最佳南美葡萄酒酒庄"的殊荣。

　　卡萨斯华酒庄出品的顶级葡萄酒"阿图拉"（Casa Silva Altura Carmenere-Cab-Petit Verdot），产量不多，每年仅生产 6 575 瓶。此酒帕克给了 90 分，在 IWC 评分中获得 92 分，同时曾赢得伦敦国际葡萄酒竞赛金奖以及布鲁塞尔国际葡萄酒比赛银奖。

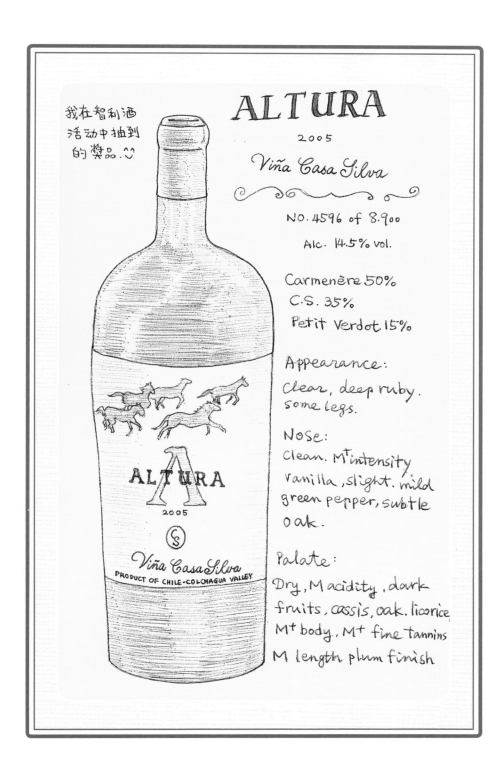

ALTURA

2005

Viña Casa Silva

NO. 4596 of 8.900

Alc. 14.5% vol.

Carmenère 50%
C.S. 35%
Petit Verdot 15%

Appearance:
Clear, deep ruby.
some legs.

Nose:
Clean. M$^+$ intensity
vanilla, slight. mild
green pepper, subtle
oak.

Palate:
Dry, M acidity, dark
fruits, cassis, oak. licorice
M$^+$ body, M$^+$ fine tannins
M length plum finish

我在智利酒
活动中抽到
的奖品. ♡

卡丽德拉圣地2006年份赤霞珠干红葡萄酒

Caliterra 2006 Cenit

● 明亮的深宝石红色，带点儿紫色反光。带着烟熏气息和黑色水果味，以及些许矿物质土壤味。

● 干型，中等酸度，果酱般的李子味，带点儿橡木味。单宁强劲但质地细致，余味中带有茶叶般的回甘。

◆ 品尝于2010年10月15日，由庄主爱德华多·查德威克（Eduardo Chadwick）签名。

1996年，美国加州葡萄酒巨擘罗伯特·蒙大维（Robert G. Mondavi）家族与智利首屈一指的名厂Viña Errázuriz合资在智利空加瓜谷（Colchagua Valley）的中央地带成立了Caliterra酒庄，他们共同的梦想是酿造出能充分反映智利风土潜力的好酒。

本庄面积约1 085公顷，属于地中海型气候。温和的海风和凉爽的夜晚平衡了白天的充足日照，使得酿成的酒能够成熟浓缩，但又具有足够的酸度和平衡的酒体。

2004年初，Viña Errázuriz庄买下了罗伯特·蒙大维（Robert G. Mondavi）家族那50%的股权，全资经营本酒庄。

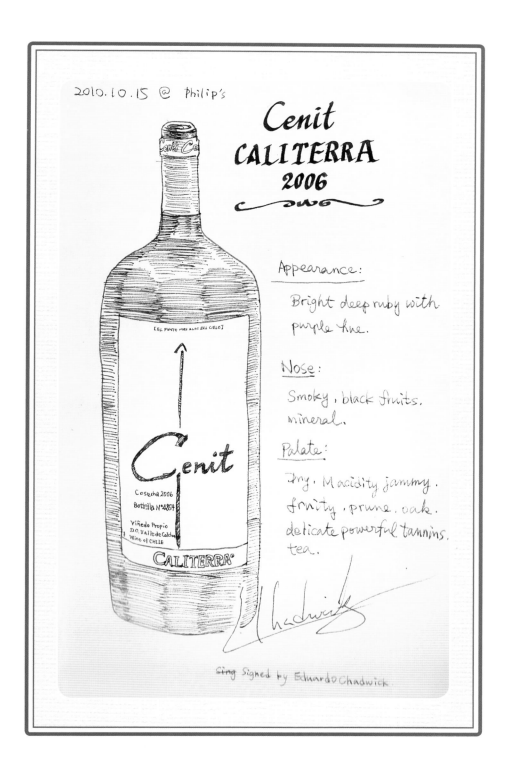

2010.10.15 @ Philip's

Cenit
CALITERRA
2006

Appearance:

Bright deep ruby with
purple hue.

Nose:

Smoky, black fruits,
mineral.

Palate:

Dry, M acidity jammy,
fruity, prune, oak.
delicate powerful tannins.
tea.

Sing Signed by Eduardo Chadwick

干露魔爵2007年份赤霞珠干红葡萄酒

Concha y Toro 2007 Don Melchor Cabernet Sauvignon

● 以饱满的红色和黑色浆果味开头，展开后是黑醋栗、黑莓与烟熏味、削铅笔味和焦油味的绵密交织，后段巧克力的余味令人愉悦而满足，是酿造得相当细致摩登的一款赤霞珠葡萄酒。

● 这幅画的笔触比较歪歪扭扭（或可称作奔放），主要是因为一整天在香港VINEXPO酒展已经喝了不少，傍晚又坐船到南丫岛吃海鲜，酒精加上晕船，于是成就了这番明显反映画者状态的样貌。

◆ 品尝于2010年5月25日

智利头号酒厂Concha y Toro创立于1883年，葡萄园分布于智利中央河谷内六个主要的河谷区，各个葡萄园不同的气候和土壤条件，让Concha y Toro的酒款充满着多样化的风味。1987年酒厂发行以其创办者命名、为酒厂最高品质的代表作——Don Melchor的第一个年份。Don Melchor采用来自Puente Alto葡萄园的赤霞珠，在法国橡木桶及玻璃瓶中各自培养12~15个月。

此酒经常得到专业杂志和帕克打出的94~96分的高度肯定，而2007不但是智利的超级年份，更是Don Melchor上市的第20个周年庆，能喝到它也是相当幸运的！

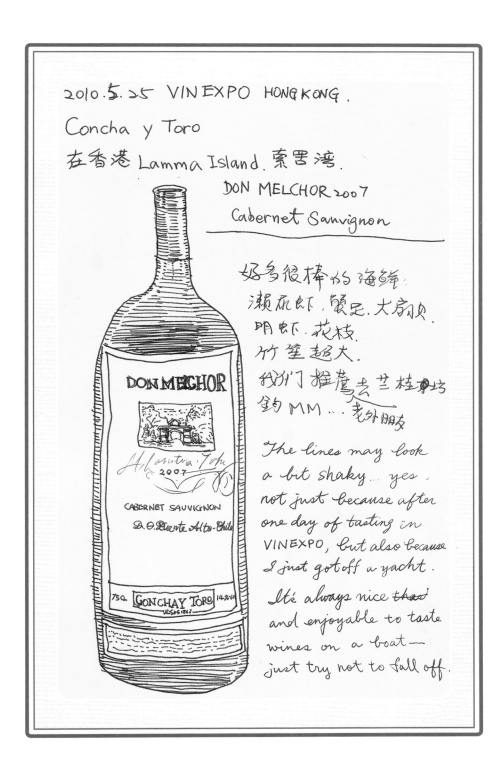

2010.5.25 VINEXPO HONG KONG.

Concha y Toro

在香港 Lamma Island. 索罟湾.

DON MELCHOR 2007
Cabernet Sauvignon

好多很棒的海鲜.
濑尿虾. 蟹足. 大扇贝.
明虾. 花枝.
竹笙超大.
我们推荐去兰桂坊
钓 MM... 老外朋友

The lines may look
a bit shaky... yes.
not just because after
one day of tasting in
VINEXPO, but also because
I just got off a yacht.
It's always nice that
and enjoyable to taste
wines on a boat —
just try not to fall off.

阿奇坦亚蓝宝石2002年份赤霞珠干红葡萄酒

**Vina Aquitania 2002 Lazuli
Cabernet Sauvignon**

(Valle del Maipo)

- 深而浓的紫红色。
- 青椒、橘子的香气，衬托其下的是奶油、香草的气味。
- 干型，中等酸度，紧实的饱满酒体，咖啡味、青椒味，中间段是黑李子的饱满果味，以甘草味收结，结构与口感相当平衡。

◆ 品尝于2010年3月5日

　　1984 年，两位来自波尔多的知名葡萄种植专家和酿酒师布鲁诺·普拉茨（Bruno Prats）和保罗·蓬塔里尔（Paul Pontallier）决定到智利找寻一块高品质的土地，开辟一个全新的葡萄园。他们的第三位伙伴是同样有着法国血统的智利种植酿造专家菲利普·索米尼哈克（Felipe de Solminihac）。1990 年，他们买下了距离圣地亚哥市不远，安第斯山脉脚下的迈坡谷地（Maipo Valley）中央地带一块 43 公顷的葡萄园。他们在这里种下了波尔多的主要葡萄品种，而酒窖则在 1993 年兴建完工。

　　2003 年，几位合伙人的老朋友，来自香槟区的种植酿造专家吉士兰·德·蒙高费耶（Ghislain de Montgolfier）也加入了本酒庄，从此自称"四剑客"。

Appearance : Intense deep ruby purple.

Nose : Bell pepper, orange. butter, vanilla,

Palate : Dry, medium acidity , firm, full body , coffee
bellpepper , prune , licorice , balanced ,

為支持智利地震災後重建，持地帶智利酒參加。
本庄由Cht. Margaux , Bollinger & Cos d'Estourne 前任酒庄合幹成立

L A Z U L I

Cabernet Sauvignon

2002

Valle del Maipo, Chile

Produced & bottled by Viña Aquitania - Santiago
From Maipo Valley . 13.5% vol. imported by ASC.

← Sample   (Denis提供)

蒙特斯2004欧法M干红葡萄酒

Montes 2004 Alpha M APALTA single estate

(Santa Cruz)

● 深宝石红色，带有些许紫色反光。
● 迷人的樱桃、巧克力和咖啡香气。
● 干型，中等偏高酸度，黑巧克力、橡木、黑咖啡味。中等偏饱满单宁，后段以黑李子、黑莓味为主，风格直接有力。

◆ 品尝于2010年2月5日

　　1987年，蒙特斯（Montes）酒庄的两位创始人奥雷利奥·蒙特斯（Aurelio Montes）和道格拉斯·莫里（Douglas Murray）决定要酿出远超当时智利一般葡萄酒品质标准的好酒，他们认为这里有一块很大的市场空缺正等着他们来填补。1988年，另外两位伙伴阿尔弗雷多·维达利（Alfredo Vidaurre）和佩德罗·格兰德（Pedro Grand）也加入了这个行列。随着1987年份的Montes Alpha赤霞珠第一个以智利高端酒的形象出口，蒙特斯酒庄获得了市场迅速的反响和肯定。随后此庄也推出了Alpha系列的霞多丽、梅洛和西拉葡萄酒。今天，蒙特斯酒庄的酒已经行销到全球100多个国家，使得很多人了解到智利能产好酒。

　　市场的成功超乎预期，1996年酒庄推出超高档次的波尔多式混酿"Alpha'M'"，继而推出100%西拉的Montes Folly 2000年份，并于2005年推出以卡曼尼（Carmenère）品种为主的紫天使（Purple Angel），这三款酒都受到国际爱酒人士的喜爱，堪称本庄的三大招牌酒。

MONTES ALPHA M
2004

Santa Cruz

APALTA SINGLE ESTATE

Appearance:
Deep ruby. slightly purple hue.

Nose: Cherry. Chocolate. Coffee.

Palate:

Dark chocolate, wood, black coffee. oak, Dry. M$^+$ acidity. M$^+$ tannins. prune. Straight forward. black berry.

红铜金.

Daniel 提供

sample →

Porta酿酒师2008年份珍藏黑皮诺干红葡萄酒

Porta 2008 Winemaker Pinot Noir Reserva

(Bio Bio Valley)

- 中等宝石红色，带有一点儿砖红色反光。
- 清新的红色莓果、清晨树叶上露珠的气味。
- 干型，中等酸度，轻度单宁，中高酒精度；新鲜红色莓果、红樱桃味，中等偏轻酒体，余味略短，属于较简单易饮的类型。

◆ 品尝于2010年4月21日

很多人还不知道，智利南部有些比较凉爽的区域，也生产不错的黑皮诺红酒。Porta 属于 Dos Andes Wines 集团旗下的酒庄之一，2008 年的 Bio Bio 山谷比往年来得暖和，也让采收提早了 15 天。

2010.4.21 @ Vino-Rich 安福路

本来要去北京出差的,临时取消,成了"冰岛火山灰"的
受害者,哈哈!

Appearance: Medium ruby with garnet hue

Nose: Fresh red berries, morning ~~dew~~ dew on leaves.

Palate: Dry, M acidity, Light tannins, M+ alcohol,
    fresh red berries, red cherry, M⁻ body,
    M⁻ length,
Easy drinking, a little bit simple.

桑塔丽塔2012年份真实家园赤霞珠干红葡萄酒

Santa Rita Casa Real 2012 Cabernet Sauvignon

● 几乎不透明的深宝石红色。

● 中等偏强的烤橡木桶、烤坚果、烘烤咖啡豆以及烟草、干燥红莓果气味。

● 干型，中等偏高酸度，集中的干燥莓果、香辛料、烘烤味。入口圆润，单宁紧密且架构宏大。丰腴多汁的感觉，可年轻时品尝并且具有绝佳陈年潜力。如天鹅绒般丝滑多层次，充满活力与复杂度。

◆ 品尝于2016年5月25日

　　桑塔丽塔酒庄是智利第三大酒庄，生产不同档次的葡萄酒，包括这款顶级的真实家园。我曾两度造访本庄，庄里有一个保存了南美原住民文化的博物馆，一个旅馆以及一个很美的庭园。而我觉得最有意思的是已经被列为智利国家文物建筑的Doña Paula餐厅。200多年前，目前酒庄主建筑的主人是一位名为Paula Jaraquemada的女士，她在智利独立战争时期曾在地下室里偷偷收容救治了120位由Bernardo O'Higgins将军带领的革命党，对智利的独立做出了贡献。如今那个地下室保存得很好，还以蜡像重现了当年为革命党疗伤的情景。本庄有个系列的酒就命名为120，就是为了纪念这段历史。

　　第二次造访时，我正巧遇上了酒庄举办的钢琴演奏会。他们邀请了法国的名钢琴家到酒庄里的教堂演出，然而听众们却不是什么衣香鬓影的贵妇和绅士，而是附近小学和初中的学生们。酒庄的人说，智利乡下的孩子们很少有机会接触到音乐和艺术，所以他们经常会举办这类公益性质的文艺活动来回馈乡里。看着孩子们参加音乐会的开心表情，我想我会很乐意多买两瓶他们的酒来共襄盛举！

Tasted in HongKong Vinexpo
2016. 5. 25 Denis Lim

SANTA RITA
CASA REAL

2012
CABERNET SAUVIGNON

Appearance

Opaque, deep dark ruby.

Nose

M+ intensity of toasted oak barrels,
Roasted nuts, coffee bean, tobacco,
dried red berries.

Palate

Dry, medium plus acidity, intense
dried berries, spices, toast,
round in the front palate, firm
tannins with big structure.
Juicy, can enjoy young but also
has great ageing potential
Velvety, layered, vibrant with nice
complexity.

Andres Lundos

中国

CHINA

张裕酒文化博物馆2005年份馆藏6号干红葡萄酒

No.6 Changyu Wine Culture Museum 2005 Cabernet Gernischt

- 清澈深浓的暗宝石红色。
- 清新的土壤、丰富的黑色水果与莓果干，以及淡淡的旧橡木桶和烘烤气味。
- 干型，中等酸度，集中的干燥黑色水果、莓果，以及干燥甜香辛料如肉桂等。酒体饱满而丰富，单宁细密。到达适饮期的巅峰，平衡感佳，有不错的复杂度和余味。

◆ 品尝于2016年7月20日

　　本酒是采用张裕烟台葡萄园I区的蛇龙珠葡萄所酿造，经法国橡木桶培养后储存于张裕酒文化博物馆地下大酒窖 6 号拱洞瓶陈 12 个月以上，每年生产 6000 瓶。

　　烟台张裕集团有限公司的前身为烟台张裕酿酒公司，由中国近代爱国侨领张弼士先生所创办，是中国第一个工业化生产葡萄酒的厂家。1892 年，张弼士投资 300 万两白银在烟台创办张裕酿酒公司。当时的直隶总督兼北洋大臣李鸿章和清廷要员王文韶亲自签批了该公司营业准照，光绪皇帝的老师、时任户部尚书、军机大臣翁同龢亲笔为公司题写了厂名。"张裕"二字，冠以张姓，取昌裕兴隆之意。至今，它已发展成为多元化并举的集团化企业，是目前中国乃至亚洲最大的葡萄酒生产经营厂家，并在近年收购了数家位于波尔多和西班牙的酒庄。

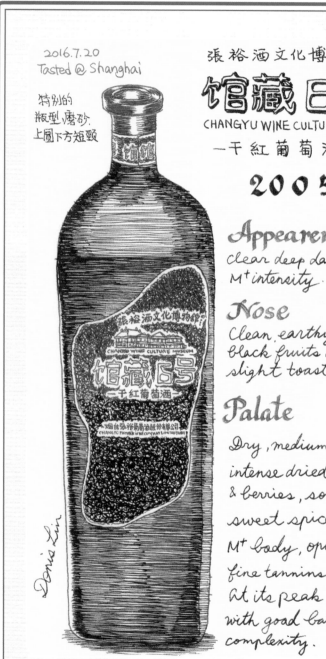

2016.7.20
Tasted @ Shanghai

特别的
瓶型,磨砂.
上圆下方短颈

張裕酒文化博物館

馆藏6号
CHANGYU WINE CULTURE MUSEUM

—干红葡萄酒—

2005

Appearence
clear deep dark ruby,
M⁺ intensity.

Nose
Clean, earthy, ample ripe
black fruits & dried berrie
slight toasted old oak.

Palate
Dry, medium acidity,
intense dried black fruit
& berries, some dried
sweet spices, cinnamor
M⁺ body, opulent, ample
fine tannins.
At its peak, nice finish
with good balance &
complexity.

贺兰山霄峰2010年份干红葡萄酒

Helan Mountain Xiao Feng 2010
(Ningxia)

- 浓郁深紫红色。
- 柔和丰富的香料，黑色水果，黑巧克力和雪松木香气。
- 干型，中高酸度，集中的黑色浆果、李子与黑巧克力味；均衡中高单宁，悠长的回甘。

◆ 品尝于2010年7月16日

　　宁夏贺兰山酒庄属于保乐力加集团旗下的酒庄，特别聘请了澳大利亚杰卡斯酒庄前任总酿酒师菲利普·拉法（Philip Laffer）先生担任首席酿酒顾问。酒庄团队精选了最佳地块葡萄园里成熟度恰到好处且品质最高的葡萄，经过低温浸皮后发酵，并在全新法国橡木桶中培养20个月之后才装瓶上市。

　　虽说菲利普·拉法（Philip Laffer）先生大半辈子都在澳大利亚酿酒，但个人觉得这款霄峰的风格却比较偏向法国风格，尤其接近波尔多佩萨克–雷奥良（Pessac-Léognan）产区那种优雅中带点儿骨感而且内敛的感觉，充分展现了宁夏产区令人期待的潜力。

2013.9.25
Tasted in
NingXia,
Helan Mountain
East Wine Expo

HELAN MOUNTAIN
贺兰山

霄峰
XIAO FENG
2010

Appearance
Intense ruby with purple reflection

Nose
Ample mild spices, black fruits, plum, black chocolate & cedar wood aroma

Palate
Dry, m+ acidity, intense black berries, plum, dark chocolate flavor; m+ fine tannins, long finish.

Cabernet Sauvignon 85%
Merlot 15%

Chief winemaker:
Philip Laffer

怡园酒庄2009年份协奏曲干白葡萄酒

Grace Vineyard 2009 Symphony

- 浅黄铜色。
- 淡淡的、清爽的蜂蜜、荔枝香气。
- 干型，中高酸度，中等偏轻酒体，有着白桃、香瓜味。余味略短，轻松易饮。

◆ 品尝于2010年7月16日

怡园酒庄是1997年由香港人陈进强和法国人詹威尔共同创建。他们从法国进口十万株葡萄苗，在山西果树研究所栽培后交给当地农户种植，其中包括赤霞珠、梅洛、霞多丽和品丽珠等品种。怡园酒庄董事长、陈进强的女儿陈芳表示，怡园的目标是以高品质的精品葡萄酒，来扭转人们对于中国葡萄酒"廉价、低档"的印象。

这款酒由怡园酒庄和西班牙桃乐丝集团一起酿造而成。桃乐丝总裁米盖·桃乐丝（Miguel A. Torres）的女儿米瑞亚（Mireia Torres）率领酿酒团队在山西与怡园团队从种植到酿造全程通力合作，以山西特有的风土条件融合了西班牙的种植酿造经验和技术，铸就了这款凝聚跨国智慧的结晶。

2010.7.16 小飞家

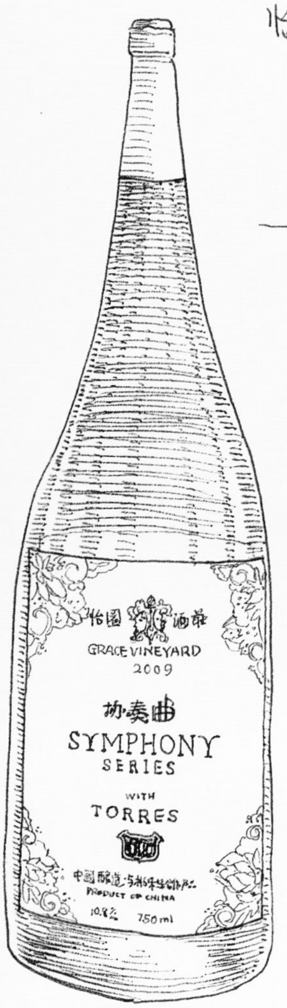

怡园酒莊 GRACE VINEYARD
2009
协奏曲
SYMPHONY

Co-operated with TORRES.

Appearance:
  Pale copper.
Nose:
  Light honey. Lychee.
Palate:
Dry. M⁺ Acidity, M⁻ body,
white melon, easy to
drink, short finish.

Variety: Muscat

Nice apptizer.

＊ Strange ＊
协奏曲 → Concerto
Symphony → 交响曲
故意的錯误?

Provided by 王雷

070-071

银色高地2009年份家族珍藏干红葡萄酒

Silver Heights 2009 Family Reserve

- 明亮的深宝石红色。
- 中等偏强的黑枣汁、黑色水果、香草气味，饱满而优雅。
- 干型，中等酸度，中等偏饱满酒体，柔和的中度单宁。成熟黑李子、橡木和甘草味。柔和宜人的余味。

◆ 品尝于2011年5月27日

银色高地的第一代庄主高林，原本从事贸易，但因在俄罗斯接触了葡萄酒，从而产生了浓厚的兴趣。后来他供职的公司启动葡萄酒项目，他因而有机会深入地了解了葡萄酒，并且发现了宁夏的潜力。后来公司经营不善关闭，他回到家乡，开始种起了一块葡萄园。

高林的女儿高源本来在俄罗斯学的是经济管理，但因为父亲的酿酒梦想和积极争取，获得了一个由宁夏回族自治区葡萄产业协会提供的名额，赴法国奥朗日葡萄栽培和酿酒职业学校进行为期10个月的葡萄与葡萄酒学习。培训结束后，高源经申请到了波尔多葡萄酒学院学习，接着又在卡侬西谷（Château Calon-Ségur）实习。在这里，高源不但学到了酒庄传统酿造的工艺，还结识了她的爱人——已经在卡侬西谷工作了20年的Thierry Courtade（中文名：吉利）。

高源获得法国酿酒师资质后，又在法国读了一年葡萄酒贸易才回国。2007年，她和父亲在宁夏开始一起酿酒。

考虑到要在国内拓展自家葡萄酒的市场，高源加入了桃乐丝，担任教育培训的工作。2008年，高源给五星级酒店推荐国产酒时，向老板毛遂自荐了自家的酒，而且在众多专家盲品时也被选上了。桃乐丝方面经过多方了解，对银色高地的品质和理念都相当认同，于是正式成为了银色高地的代理商。

2011.5.27 银色高地兑酒会 @桃花源恒隆广场

SILVER HEIGHTS
銀色高地家族珍藏
2009

Appearance:

Deap ruby, Bright.

Nose:

M⁺, dark prune. black
fruits, vanilla. ample
but balanced, elegant.

Palate:

Dry. M acidity. M⁺ body,
M elegant tannins, ripe
prune, licorice, oak,
quite gentle & enjoyable.
M⁺ nice finish.

Sample →

SILVER HEIGHTS

家族珍藏 红葡萄酒
FAMILY RESERVE
2009

Also tasted 2007:
Appearance: Deep ruby with slightly brick.
Nose: M pencil lead, green pepper.
Palate: Dry, licorice, a bit soysauce, tobacco leaf.
       M⁺ prune, tender, M⁺ length.
       soil. charming.

喝友情的酒

　　虽然有不少人是因为社交的需求而开始学习品酒，但当初我开始学品酒时，却压根儿没想过什么社交不社交，更没想到之后会结识许多不同行业、性别和年龄的朋友，其中有的成为很谈得来的知交，有的成为事业的伙伴，对我的人生产生了深远的影响。

　　2002 年，有位葡萄酒网络社群的站长在台北发起了每隔一周举办一次的品酒会，并在网络上发布消息欢迎新朋友参加，于是素昧平生的我第一次克服了羞怯与不安，出席了这个会。爱酒人们的热情和求知欲，让我很快就融入其中，成了每次必到的忠实成员。在这个品酒会里，尽管有许多段位很高、品酒多年且收藏甚丰的老前辈，但大家都对初学的小朋友们很好，也很愿意拿出好酒来分享，为后辈们树立了良好的典范，几年下来也培养出不少酒界年青辈的中坚分子。

　　后来这位发起人率先跑到上海来发展，于是我就接下了继续举办这个品酒会的接力棒。两年后，我也来到了上海，于是把接力棒又传给了另一个会员。直到现在，虽然成员时有更动，但基本上他们还是每隔一段时间就会聚在一起品酒，而有的老成员则是在这段时间当中由单身变成已婚，或是添了小宝宝，每每聚在一起总有聊不完的话题。

每次我回台湾，这群朋友总会排除万难跟我聚上一聚，听我吹吹牛，然而对我来说这也成了返乡必有的仪式，没跟他们见见面，会觉得像没有回到台湾一样。

这次给大家欣赏的作品，是某次回台湾时，朋友Jimmy特地带来的1970年份的Leoville Las Cases 1.5升装，年纪比我还大（大多少就不深究了），让人特别感动。同时，继任会长的Mark先生也即将喜获千金，大伙也都沾染了喜气，特别开心。至于Emily出书，Ling嫁给了老外，也都是不久前的喜讯。至于我，没什么特别的贡献，只有把它画出来，以资纪念咯！

法国

FRANCE

Bordeaux

波尔多

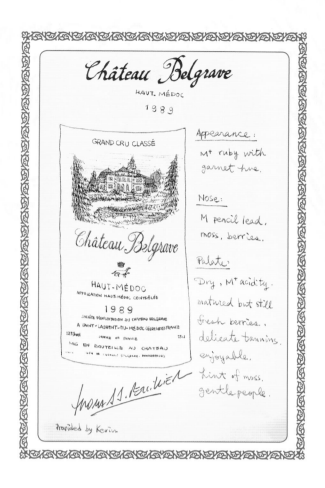

巴家芙庄园1989年份干红葡萄酒

（上梅多克产区特等五级庄）

Château Belgrave 1989 5th Grand Cru Classé Haut-Médoc

● 中等偏浓郁的深宝石红色，带有些许石榴红反光。

● 中等浓郁的铅笔芯味、苔藓气味和莓果香气。

● 干型，中等偏高的酸度，成熟的新鲜莓果味，细致的单宁，口感令人愉悦。略带苔藓的绿色味道，整体风格令人联想到温和的人们。

◆ 品尝于2010年10月2日

金钟城堡1994年份干红葡萄酒

（圣埃美隆产区特等一级庄）

Château Angélus 1994 St-Emilion 1er Grand Cru Classé

- 中等偏浓郁的深宝石红色，带有些许紫色反光。
- 森林地面土壤、潮湿木头气味，并带有黑枣、酱油味。
- 干型，集中的黑莓、黑李脯和黑咖啡味；中等偏饱满单宁，平衡感良好。状态在最佳适饮期中，尝起来比闻起来年轻。

◆ 品尝于2010年2月26日

　　金钟庄园（Château Angélus）目前由于贝尔（Hubert de Boüard de Laforest）和吉恩-伯纳德·格里尼亚（Jean-Bernard Grenié）这两位表亲共同经营。由祖先传承下来的这个酒庄，其所在位置经常可以听到来自周边三座教堂的钟声。金钟庄园在营销上手法相当出色，不少人都还对007影片《皇家赌场》中，丹尼尔·克雷格饰演的邦德和"邦德女郎"维斯帕·琳德在由蒙特卡罗去往皇家赌场的列车上用餐时所品尝的1982年的Angelus红酒印象深刻。

　　2012可说是金钟庄园的幸运之年，这年圣埃美隆将金钟庄园和帕维酒庄（Château Pavie）从Premiere Grand Cru Classé B提升到A等级，与白马庄园（Château Cheval Blanc）和奥松堡（Château Ausone）并驾齐驱，相当值得庆贺！

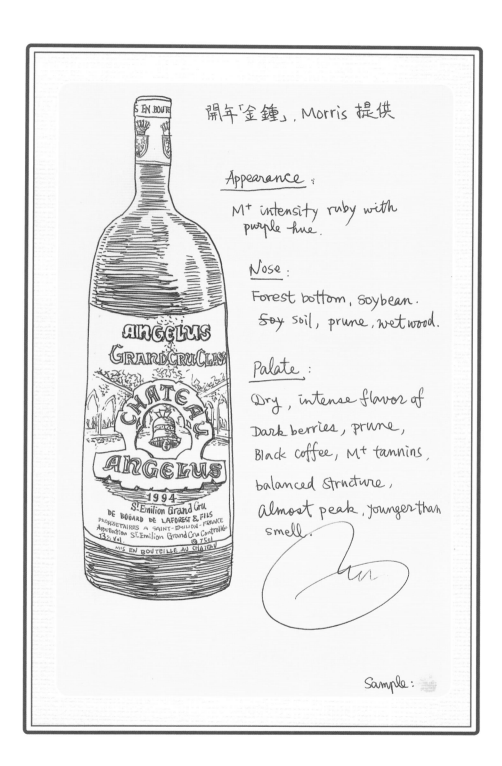

開年「金鐘」, Morris 提供

Appearance :

M+ intensity ruby with purple hue.

Nose :

Forest bottom, soybean.
Soy soil, prune, wet wood.

Palate :

Dry, intense flavor of
Dark berries, prune,
Black coffee, M+ tannins,
balanced structure,
Almost peak, younger than
smell.

Sample :

卡侬西谷1995年份干红葡萄酒

Château Calon-Ségur 1995 3rd Grand Cru Classé Saint-Estèphe

- 清澈的深宝石红色。
- 有葡萄干的香气，鲜明的黑色果实、西梅以及一些清新的草本香辛料气味。。
- 干型，烤桶气味，黑色水果味，微微严肃的感觉，中等偏强的紧密单宁，干燥草本香料味，让我有点儿感到爱情也并不容易。仍然很年轻。

◆品尝于2015年6月27日

这个特等三级酒庄在 18 世纪时的庄主，尼古拉斯·西格尔伯爵（Nicolas de Ségur）还同时拥有拉菲（Château Lafite Rothschild）、拉图（Château Latour Rothschild）两个顶级名庄，却对卡侬西谷情有独钟，留下"虽然我在拉菲和拉图酿造葡萄酒，但是我的心却在卡侬西谷"的名言，也因此酒标上就是一个大大的心形。这个特色鲜明的酒标，使它经常在求爱或求婚的场合里扮演着临门一脚的角色！

2015. 6. 27 @小飛家

How many of you proposed with this wine? 永愛．求婚專用酒. 你用过了吗？

Calon-Ségur
GRAND CRU CLASSE
SAINT-ESTEPHE
1995
卡儂西谷

Appearance
clear deep ruby

Nose
Raisinous, bright black fruits. plum, some fresh herb spices

Palate
Dry. char, toast, black fruits. slightly austere, M+ firm tannins, dried herb spices, somehow ~~sour~~ makes me feel that love is tough. Still young.

Provided by 宝莲

开隆堡2000年份干红葡萄酒

（圣埃美隆产区特等一级庄）

Château Canon 2000 St-Emilion 1er Grand Cru Classé

- 浓郁的深宝石红色。
- 中等偏浓郁的黑巧克力、李子果脯香气。
- 干型，中等偏高的酸度，中等偏强单宁，中等偏厚重酒体。相当集中的果味，如黑李果脯、黑莓味。整体紧实而新鲜，仍相当年轻。

◆品尝于2010年10月2日

从圣埃美隆古城中心步行大约十分钟，开隆堡那用铁栅门和石墙围绕的葡萄园就出现在眼前。说起这酒庄也是相当传奇，它的第一代主人雅克·开隆（Jacques Kanon）原是个海盗，专门劫掠英国商船。由于当时法国海军不敌英国舰队的战力，故法王路易十五招安了在海上称霸的雅克·开隆，让他得以放心大胆地继续劫掠英国船只，并为法国效力。有了国王当靠山，Jacques Kanon积累财富的速度更快了，于是在1760年将这原名圣马丁庄园的酒庄买下，以自己的名字命名为开隆（Kanon）庄园，并将周围园地全改成葡萄园。七年之后船长重回海上，庄园交由富商雷蒙·冯特芒（Raymond Fontémoing）经营并改名为具有"大炮"之意的"Canon"，直到1919年再由傅尼叶（Fournier）家族接手，然后在1996年出售给香奈儿。

地面上有着优美庭园和典雅法国宫廷式建筑的开隆堡，地下也有着古时人们采石所留下的、蜿蜒如迷宫一样的隧道，而且据说与圣埃美隆古城的地道相连，但多年前因为怕小偷侵入而封死了。由于第一代庄主是个海盗，许多人怀疑开隆堡里有秘宝隐藏着，而且说不定就在这地道中哦！

Château Canon 1er Grand Cru Classé 2000

Congratulations
for your talent!
Jepos

Géraldine
Leger
Relations Publiques

Château Canon
1er Grand Cru Classé

2000

BW ← 庄主签名

Saint-Emilion Grand Cru

13.5% Vol

Appearance: Deep dark ruby
Nose: M+ Intense, dark chocolate. ripe prune.

Palate: Dry. M+ Acidity. M+ tannin. M+ body.
Intense fruitiness, prune, black berries.
firm. young. fresh.

佳得美酒庄2004年份干红葡萄酒

（上梅多克产区特等五级庄）

Château Cantemerle 2004
5ᵗʰ Grand Cru Classé Haut-Médoc

- 浓郁的深宝石红带紫色。
- 中等偏浓郁的烤桶、黑咖啡、黑莓果香气。
- 干型，中等酸度，中等强度的优雅细致单宁，中等酒体。有着李子、黑醋栗、黑李果脯的味道。平衡的酒体，中等偏长的余味。

◆ 品尝于2010年4月23日

　　这家酒庄是1855年分级庄里"吊车尾"上榜的最后一家，所以被列在第五级里面。实际上若以当时的价格论，它应该可以排在第四级，只因当初它的酒都是直接销售到荷兰，并未经过波尔多的中介，所以当中介提报名单时就漏了这一家。后来经过庄主极力争取，才勉强补列入最后一名。看来要特立独行还是得付出不少代价啊！

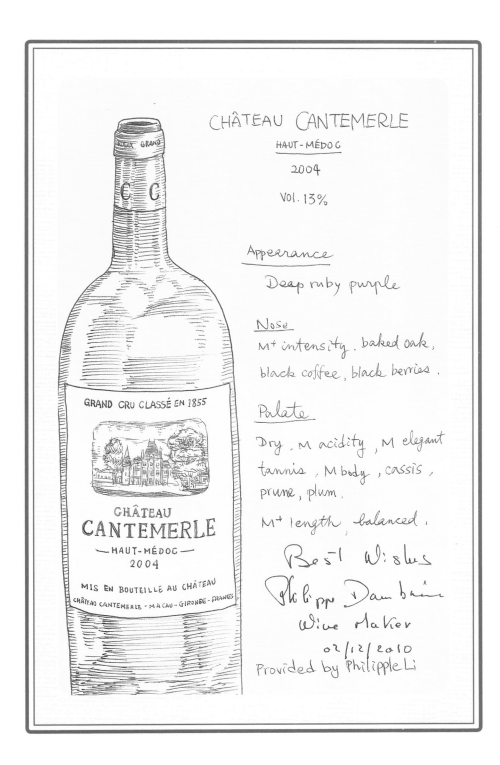

CHÂTEAU CANTEMERLE

HAUT-MÉDOC

2004

VOL. 13%

Appearance

Deep ruby purple

Nose

M+ intensity. baked oak,
black coffee, black berries.

Palate

Dry, M acidity, M elegant
tannins, M body, cassis,
prune, plum.

M+ length, balanced.

Best Wishes

Philippe Dambrine

Wine Maker

02/12/2010

Provided by Philipple Li

白马庄园2000年份干红葡萄酒

（圣埃美隆产区特等一级庄A等）

Château Cheval Blanc 2000 St-Emilion 1ᵉʳ Grand Cru Classé A

- 清澈、中等偏浓郁的宝石红。
- 干净、中等偏强的烘烤木桶、干燥草本香料气息，集中而略带侵略性的樱桃、浆果香气。
- 干型，中等酸度，中等酒体，成熟的红色莓果、樱桃、紫苏味，余味中有淡淡的坚果、甘草味和薄荷清凉感，比预期的更加成熟。

◆ 品尝于2012年11月27日，与皮耶·路登（Pierre Lurton）先生于上海。还品尝了同属LVMH集团的滴金酒庄（Château d'Yquem）贵腐甜白酒。

　　白马庄园在圣埃美隆拥有一块 32 公顷的葡萄园，其中种植的葡萄品种以品丽珠占多数，达 57%，其余是梅洛、赤霞珠和马尔贝克。酿造时每个品种都是在全新的橡木桶中培养。招牌的口感是带着奶油感的紫罗兰和黑莓味，以及优雅的酸度。它的副牌酒小马（Le Petit Cheval）也相当受欢迎。

CHÂTEAU CHEVAL BLANC
St·Emilion
Grand Cru
2000

APPEARANCE
Clear, M+ intensity ruby red.

NOSE
Clean, M+ intensity, charry oak,
dried herb spice, cherry,
berries, intensed and
slightly aggressive.

PALATE
Dry, M acidity, M body,
ripe red berries, cherry,
purple perilla, slight
licorice & mint finish,
some toasted kernel.
More matured than
anticipated.

Pierre Lurton

2012·11·27 @上海御宝轩 Avec Pierre Lurton

露仙歌庄园2000年份骑士干红葡萄酒

（玛歌产区特等二级庄）

Chevalier de Rauzan-Gassies 2000 2nd Grand Cru Classé Margaux

- 深宝石红，边缘带点儿石榴红反光，些微沉淀。
- 中等偏强的森林底层落叶、土壤气味，融合的橡木味、坚果气味，逐渐转为肉干味。
- 中等偏强而顺滑流线的酒体，清新而成熟的黑醋栗、李子味，细致的单宁。后段展现出橡木、甘草和黑巧克力味，余味令人愉悦。

◆ 品尝于2011年11月18日

这是 Château Rauzan-Gassies 的副牌酒。本庄和隔壁的豪庄·赛格拉酒庄（Château Rauzan-Ségla）来自同一个家族，法国大革命时姐妹俩各自嫁给 Gassies 和 Ségla 家族而分家。虽同被列为 1855 特等二级酒庄，但 Château Rauzan-Gassies 之后数度易主，品质开始不稳定，甚至一度停产。"二战"后 Quie 家族购入本庄，开始将它慢慢复兴起来，并重新获得国际酒评家们的关注和赞赏。

本庄的风格比较偏向传统式的波尔多风格，正牌和副牌酒都只在 30% 的新橡木桶中培养 12 个月，保持红色果实的清新感，且单宁较为轻盈，整体较为柔和。

2011.11.18
@ Philip's

CHEVALIER DE RAUZAN-GASSIES
Margaux 2000

Kept in my wine fridge for 5 years. It's seems very rewarding for my patience.

Deep ruby with garnet rim. Some sediments.

M⁺ intensity forest bottom, integrated oak, nuttiness turn into dried meat. M⁺ body, streamlined shape, ripe fresh cassis, plum, oak, licorice, fine tannins, M⁺ black chocolate, very enjoyable finish.

Le 03/12/2011

克拉米伦酒庄1999年份干红葡萄酒
（波亚克产区特等五级庄）

Château Clerc Milon 1999
5th Grand Cru Classé Pauillac

● 深宝石红色。

● 红莓、蓝莓以及李子的香气，带有些许陈年后的酱香。

● 干型，中等酸度，成熟的李子味、淡淡酱油味，中等偏强的成熟平顺单宁。

◆ 品尝于2009年12月4日

一起来跳舞吧！

波尔多酒常是品酒会中的重要角色，即使事先没有约定主题，酒友们各自带来的酒总有一半左右的概率会是波尔多的。克拉米伦（Château Clerc Milon）原本就是波尔多1855分级特等第五级的酒庄，在1970年被木桐罗斯柴尔德酒庄（Château Mouton-Rothschild）的菲利普男爵买下，所以常被当作木桐（Mouton）的二军酒看待，但实际上这酒庄依然独立酿酒，因此严格来说不能算是木桐的二军酒。木桐在1995年发表了1993年酿造的、正式的二军酒，名字很直白就是Le Second Vin de Mouton-Rothschild。

承袭了木桐善于在酒标上做文章的传统，木桐在1933年买进的Château d'Armailhac的酒标上画了一个拿着葡萄和酒瓶开心跳舞的可爱小人儿（酒神），被众酒迷昵称为"一个人跳舞"，而较晚收购的克拉米伦酒庄就顺理成章设计成"双人舞"啦！可惜之后木桐在海外投资开设的酒厂不再以跳舞系列来设计酒标，我们也无缘得见"三人舞"、"四人舞"或"一大群人跳舞"了！

CHATEAU
CLERC MILON

1999

Grand Cru Classé

PAUILLAC

APPELATION PAUILLAC CONTROLLE

Baronne Philippe de Rothschild

75cl

A: Deep Ruby

N: Red & blue berries
prune. soy sauce.

P: Prune. Acidity M,
fruity. ripe
soybean sauce.
tannins M+,
smooth. ripe.

Denis

克里奈城堡2000年份干红葡萄酒

Château Clinet 2000 Pomerol

- 浓郁集中的深宝石红色。
- 浓烈的香草、黑色莓果、李子和樱桃香气。
- 干型，中等酸度，口感圆润，带有新鲜的李子和成熟的黑樱桃味，融合的橡木味。中高细致单宁，结构佳，甘草味的收尾。如同30岁的男人一样的成熟度。

◆ 品尝于2010年8月13日

这个面积仅9公顷的酒庄在19世纪时由拥有柏图斯酒庄（Château Petrus）的阿尔诺家族建立，因为风土条件相近，且享有一样的酿酒技术，因此在19世纪中前期它拥有与柏图斯酒庄相近的品质与价位。后来它历经多次转手，品质与名声开始江河日下。20世纪后期，阿库特家族接掌本庄，大刀阔斧地整改，为它带来新的气象。1990年前后的年份，本庄连续获得帕克95分以上的评分，令它再度得到国际酒界的关注。

CHÂTEAU CLINET

Pomerol
2000

Appearance:

Deep ruby. intense.

Nose:

Intense black berries,
Vanilla. prune. cherry.

Palate:

Dry, M acidity. fresh
Prune, round, oak.
M+ body, licorice,
black cherry, ripe.

Like 30 yrs. old man,
good structure, fine tannins.

Good Job!

R. LABORDE
2010

高赫那酒庄1999年份干红葡萄酒

（上梅多克产区士族名庄）

Château Corconnac 1999 Haut-Médoc Cru Bourgeois

- 中高浓度的宝石红略带紫色。
- 松烟墨、土壤和青椒气味，以及黑醋栗的香气。
- 干型，中高酸度，中等偏饱满酒体，细致的单宁；黑莓、黑醋栗果味，成熟但依然清新，不错的均衡感。

◆ 品尝于2010年2月27日

1999
CHATEAU
CORCONNAC

CRU BOURGEOIS
HAUT-MEDOC
APPELLATION HAUT-MÉDOC CONTRÔLÉE
MIS EN BOUTEILLE AU CHATEAU
PAR F. & Ph PAIRAULT
VITICULTEURS A SAINT-LAURENT-MEDOC-FRANCE
75cl PRODUCE OF FRANCE N° 10256 12,5% vol
L 99 01

（沈立提供）

Appearance
Clear, M+ intensity
ruby purple

Nose
Pine smoke ink, earthy
Bell pepper, cassis

Palate
Dry, M+ acidity.
M+ body, delicate
tannins, matured
yet still fresh,
black berries, cassis,
good balance,

爱士图尔酒庄2001年份干红葡萄酒
（圣埃斯泰夫产区特等二级庄）

Château Cos d'Estournel 2001
2nd Grand Cru Classé Saint-Estèphe

- 暗宝石红色。
- 烘烤木桶、地窖以及红茶的气味。
- 干型，中等酸度，中等偏饱满酒体，细致的单宁；黑咖啡、烤橡木、重发酵的红茶味，酒体均衡古典而且优雅，带有甘草的回味。

◆ 品尝于2010年7月31日

　　爱士图尔酒庄（Château Cos d'Estournel）有着波尔多地区最具异国风情的东西方混搭式建筑。它那三座亚洲式宝塔建筑的背后有一个相当浪漫的故事。19世纪时,创立本园的庄主路易斯-加斯帕德·爱士图尔（Louis-Gaspard d'Estournel）先生极为迷恋东方文化,同时因为他酿的第一个年份就卖到了印度成为当地王公贵族的御用酒,这激励了庄主在没有雄厚资本的情况下依然举债建立起这家风格独特的酒庄。其间他曾两次因财务困难而不得不把酒庄转卖,一旦筹资买回后却又无怨无悔地把身家全都投了进去。到了今天,本庄已经成了波尔多参观人气最高的必逛景点之一。

Cos D'Estournel

SAINT-ESTÈPHE

2001

Appearance:
Dark ruby.

Nose:
Smoked wood, Cellar.
black tea.

Palate:

Dry, M acidity, ripe.
dark coffee, toasty.
Oak, Mᵗ body,
Deep fermented black tea.
Nice balanced body,
Fine tannins, tabacco,
Classic & elegant.

Provided by Vito Lin.

歌碧酒庄1997年份干红葡萄酒

（波亚克产区特等五级庄）

Château Croizet-Bages 1997
5th Grand Cru Classé Pauillac

- 深宝石红带紫色。
- 非常成熟的红色莓果、黑醋栗香气，以及类似潮湿木桶和地窖的还原气味。
- 干型，中等酸度，中等酒体，烟熏、烤木桶味及李子味，中等长度的余味。

◆ 品尝于2010年5月2日

　　这个波尔多特等五级名庄最初由Bages家族建于16世纪，在法国大革命结束后由Croizet兄弟接管，故更名为Croizet-Bages。酒庄位于波亚克村（Pauillac）的巴斯高地中心位置，占地27公顷，与著名的靓茨伯酒庄（Château Lynch-Bages）相邻。这里平缓的斜坡为葡萄种植提供了理想的自然排水条件。一般认为此庄的潜力尚未充分发挥，在酒体的厚度与复杂度上仍有所欠缺，不过从近几年的酒质来观察，能感受到在现任庄主让-米歇尔·奎尔（Jean-Michel Quie）的努力之下，酒的品质有越来越上轨道的趋势。

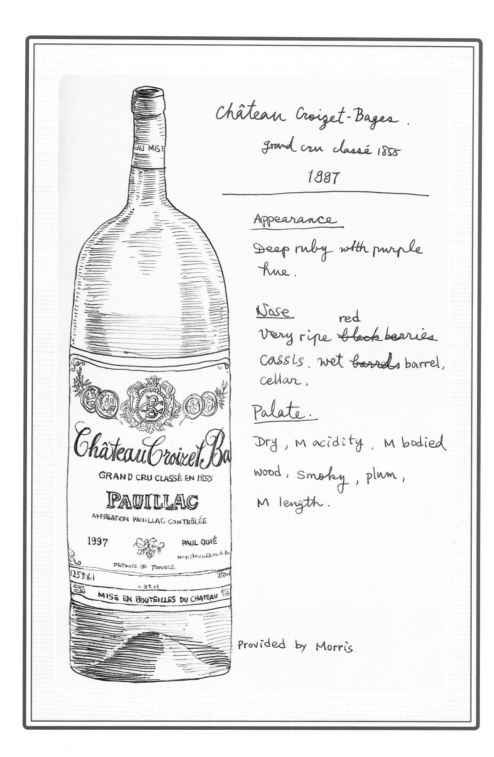

Château Croizet-Bages.
grand cru classé 1855
1997

Appearance
Deep ruby with purple hue.

Nose
Very ripe ~~black~~ red berries cassis. wet ~~barrels~~ barrel, cellar.

Palate.
Dry, M acidity, M bodied wood, smoky, plum, M length.

Provided by Morris.

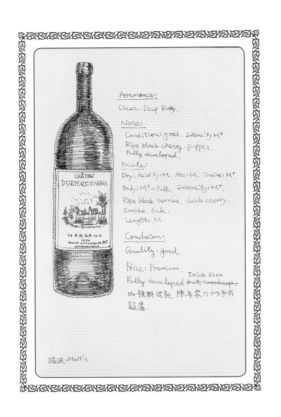

杜佛维恩酒庄2006年份
干红葡萄酒
（玛歌产区特等二级庄）

Château Dufort-Vivens 2006
2nd Grand Cru Classé Margaux

- 清澈的深宝石红色。
- 中高强度的成熟黑樱桃和黑胡椒气味。
- 干型，中等酸度，成熟黑色莓果、黑樱桃和带点儿烟熏的橡木味。中等偏强的单宁和酒体，中等长度的余味。比预期成熟，对陈年实力略有疑虑，不知是否保存环境不够理想。

◆ 品尝于2009年10月25日

　　这座特等二级酒庄建于12世纪，由Durfort de Duras家族经营了700多年。1775年，托马斯·杰弗逊（Thomas Jefferson）——当时的美国驻法大使，后来成为以热爱葡萄酒而闻名的美国总统——在他的波尔多之旅中被本庄的酒所惊艳，直接将本庄排名在拉菲堡（Château Lafite-Rothschild）、侯伯王酒庄（Château Haut-Brion）和玛歌庄园（Château Margaux）之后。

Appearance:

Clear. Deep Ruby.

Nose:

Condition: good. Intensity M⁺
Ripe black cherry. pepper.
Fully developed.

Palate:

Dry. Acidity: M. Alc: M. Tanins:

Body: M⁺ ~ Full. Intensity: M⁺,

Ripe black berries, dark cherry

Smoke, Oak.

Length: M

Conclusion:

Quality: good.

Price: Premium.

Fully developed ~~but can be~~ Drink soon

比預期成熟. 陳年實力似乎

稍弱.

Restaurant right beside th_
exhibition hall "新滬坊".

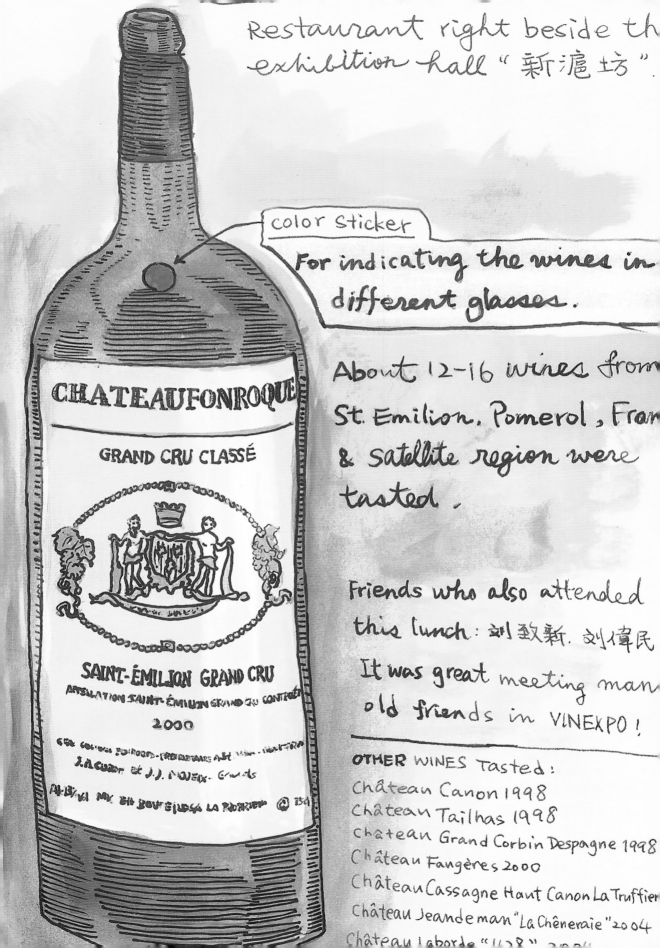

color sticker

For indicating the wines in
different glasses.

About 12-16 wines from
St. Emilion, Pomerol, Fran_
& satellite region were
tasted.

Friends who also attended
this lunch: 刘致新. 刘偉民
It was great meeting man_
old friends in VINEXPO!

OTHER WINES Tasted:
Château Canon 1998
Château Tailhas 1998
Château Grand Corbin Despagne 1998
Château Fangères 2000
Château Cassagne Haut Canon La Truffier_
Château Jeandeman "La Chêneraie" 2004
Château Laborde "1138" 200_

CHATEAUFONROQUE

GRAND CRU CLASSÉ

SAINT-ÉMILION GRAND CRU
APPELLATION SAINT-ÉMILION GRAND CRU CONTRÔLÉE
2000

弗兰克酒庄2000年份干红葡萄酒
（圣埃美隆产区列级酒庄）

Château Fonroque 2000
Saint-Emilion Grand Cru Classé

● 这是在香港参加Vinexpo酒展时，参加波尔多右岸媒体餐会时喝到的酒。右岸没赶上1855年的名庄分级确实是吃了不少亏，迟了100年才创立的圣埃美隆分级也并非一帆风顺，使得右岸酒在市场推广上多费不少力气！

◆ 品尝于2010年5月27日

本庄由Moueix家族于1931年创立，至今仍是家族经营。酒庄采取环保的、可持续经营的农作方法，在2006年取得有机认证，并在2008年加入Biodyvin联盟，实施生物动力法种植。

拉高斯酒庄1994年份干红葡萄酒（波亚克产区特等五级庄）

Château Grand Puy Lacoste 1994 5th Grand Cru Classé Pauillac

● 暗宝石红带些砖红色，有沉淀物。木塞已经很软而脆弱，动用了老酒开瓶器才取出。

● 干燥草本香料和甘草的气味。

● 干型，中等偏高酸度，中等酒体，有着李子、玫瑰果和雪松木味。优雅，令我联想到懂得享受生活的知性与感性兼具的熟女。

◆ 品尝于2010年4月2日

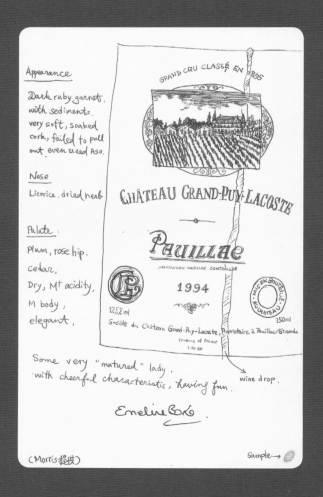

这个位于波亚克村，建立于16世纪的特等五级酒庄有个有趣的传统，就是母系继承的制度。因为酒庄名字总随着女主人婚后的夫姓而改变，使得它在历史上有着多次易名的记录。虽然仅被列在第五级，但不少酒评家如休·约翰逊（Hugh Johnson）等人都认为以它目前的表现，是值得往上提升的。

Haut-Marbuzet酒庄2004年份干红葡萄酒（圣埃斯泰夫产区特优士族名庄）

Château Haut-Marbuzet 2004

- 深宝石红色。
- 成熟而有力道的浆果、樱桃香气。
- 口感年轻，有鲜明丰美的黑色水果味。饱满酒体中带有柔和的橡木味，还有多陈放几年的潜力。

◆ 品尝于2010年10月2日

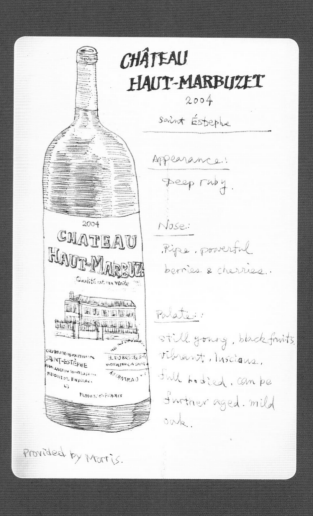

　　这个位于圣埃斯泰夫村（Saint-Estèphe）的酒庄历史可追溯到18世纪，但一直到了1952年埃尔韦·迪博斯克（Hervé Duboscq）买下它之后才将其经营成以卓越品质而闻名的酒庄。它在1932年就入选士族名庄（Cru Bourgeois），而在2003年被列入特优士族名庄（Crus Bourgeois Exceptionnels）。虽然现在士族名庄改为每年一审而不再是永久的分级，但许多酒评人认为它已超越一般士族名庄，具有准特级庄的水平了。

圣文森十字酒庄2005年份干红葡萄酒

Château La Croix St. Vincent 2005

- 深宝石红色。
- 樱桃果酱、山楂和草本植物、檀木香气。
- 干型，中等酒体，集中的红色水果味、木头味，中等偏强的单宁，余味偏简单了一点儿。

◆ 品尝于2010年7月2日

　　这款酒是Château De Valois的副牌酒。这酒庄属于原本的飞卓庄园（Château Figeac）的一部分，在1862年老飞卓庄园被拆分后成立。

Château La Croix
St. Vincent
POMEROL

2005

Appearance:

Deep ruby.

Nose: Cherry jam,
hawkthorn. herb.
Sandal wood.

Palate:

Dry, M acidity, intense
red fruits, wood, M+ tannins,
after taste a little simple.

Provided by
Morris

Lafleur Mallet酒庄2004年份贵腐甜白葡萄酒

Lafleur Mallet Sauternes 2004

- 半瓶装，中等金黄色。
- 蜂蜜、草本植物、薄荷以及干燥热带水果香气，略有烟熏气味。
- 中等甜度的蜂蜜、果脯、坚果、开心果以及矿物质味口感，中长余味。

◆ 品尝于2010年4月23日

LAFLEUR MALLET
SAUTERNES
2004

375ml
13.5% vol

Appearance:

M golden

Nose

Honey, mint, herb,
dried tropical fruit. Smoke.

Palate.

Honey, medium sweet,
dried fruit, nutty,
pistachio, mineral.
M+ length.

⟨Provided by Daniel Hsu⟩

力关酒庄2003年份干红葡萄酒

（圣朱利安产区特等三级庄）

Château Lagrange 2003
3rd Grand Cru Classé Saint-Julien

- 浓郁的深紫红色。
- 带有淡淡檀香和烘烤咖啡豆气味。
- 干型，中高酸度，中等偏饱满酒体，成熟的黑莓果、黑枣、黑巧克力味。强劲而内敛的单宁。

◆ 品尝于2010年3月19日

本庄是1855年分级的三级庄，目前为日本大型饮料公司三得利所拥有。它在20世纪初声誉掉得厉害，面积也从280公顷减少到117公顷。三得利公司投入巨资改建酒庄，减少梅洛品种的种植数量并增加味而多（Petit Verdot）的种植，以加深酒的颜色并强化酒的架构。本庄也产很优秀的白葡萄酒，称作Les Arums de Lagrange，由长相思、赛美蓉和蜜思佳黛（Muscadelle）混酿而成。

GRAND CRU CLASSÉ EN 1855

2003

CHÂTEAU LAGRANGE

SAINT-JULIEN

APPELLATION SAINT-JULIEN CONTRÔLÉE

CHÂTEAU LAGRANGE SAS

PROPRIÉTAIRE À SAINT-JULIEN BEYCHEVELLE (GIRONDE) - FRANCE

MIS EN BOUTEILLE AU CHÂTEAU

Alc 13% by vol.   PRODUCE OF FRANCE - BORDEAUX   750 ml

Appearance: Deep purple.

Nose: Lightly sandalwood, baked coffee beans.

Palate: Ripe black berries, prune, cassis, dark chocolate, Dry, M+ acidity, M+ body, powerful but restraint tannins.

像是願意為愛而決鬥的年輕軍官。

Sample →

拉拉贡酒庄1993年份干红葡萄酒

（上梅多克产区特等三级庄）

Château La Lagune 1993
3rd Grand Cru Classé Haut-Médoc

- 中等宝石红带石榴红色。
- 中等强度的，来自陈年的香气以及橡木气味。
- 干型，中等酸度，中等酒体，明显的甘草味，口感柔和，有着李子、山楂、檀木的余味，非常舒服。

◆ 品尝于2010年1月1日

这家 1855 年分级的三级庄位于波尔多市区通往梅多克的交界处，从本庄一路北行就是著名的名庄大道。这家酒庄从很早就由女性酿酒师主导，弗瑞（Frey）家族于 2000 年买下了这家酒庄之后，女酿酒师卡罗琳·弗瑞（Caroline Frey）也承袭了这个传统（这位美女酿酒师才貌家世兼备，让包括作者在内许多酒界男士们的仰慕如滔滔江水一般……）。本庄酒窖中有呈彩虹状排列的 72 个重力引流发酵罐，能够酿出果味清新、酒体细密紧实的风格。除了正牌酒，本庄也生产副牌酒 Moulin de La Lagune，以及适合年轻人饮用的 Mademoiselle L。

Château La Lagune

Haut-Médoc

1993

Appearance:

M ruby garnet.

Nose:

Aged. M intensity, wood.

Palate:

Dry, M acidity, M body.

licorice, tendre, mild.

plum, hawthorn. sandal

very comfortable

Provided by Philippe.

Thank you very
much Denis for
your support of
La Lagune wine!
Our best regards

Shenglei 2010

拉里·奥比昂酒庄2007年份干白葡萄酒

Château Larrivet Haut-Brion 2007

- 浅金黄色。
- 香草、橡木香气，成熟的柑橘类水果香气和矿物质气味。
- 干型，中等酸度，橡木味，成熟柑橘类果味，矿物质味以及一点儿白色糖果味，酒体圆润紧实。

◆ 品尝于2010年2月5日

拉里·奥比昂酒庄（Château Larrivet Haut-Brion）位于贝萨克–雷奥良地区，虽然名称中含有Haut-Brion，但与五大酒庄之一的Château Haut-Brion（侯伯王酒庄）并没有什么关系。酒庄在法国大革命期间曾使用La Rivette这一名称，也就是如今酒庄名中Larrivet的由来。庄园首任主人为英国的Canolle家族，该家族掌管庄园长达两个世纪之后出售给Laurent家族，此后庄园不断易主与更名，不仅产量骤降，连酒质都一落千丈。

1941年，Guillemaud家族收购了本庄并正式易名为Château Larrivet Haut-Brion，在大力整顿并收购葡萄园、调整葡萄品种比例后，本庄获得重生。

今日，本庄在1987年接手的Gervoson家族的管理下拥有60公顷葡萄园，其年均产量约在3 000箱。种植比例上，55%为梅洛，40%为赤霞珠，5%为品丽珠，葡萄藤平均年龄约为25岁；庄园另有一块地用于生产白葡萄酒，葡萄种植比例：60%为长相思，40%为赛美蓉，葡萄藤平均年龄为20岁。

2010.2.5 小飞家

CHATEAU
LARRIVET HAUT-BRION

PESSAC LÉOGNAN

2007

Appearance: Light gold.
Nose: Vanilla. Oak, ripe yellow fruit, mineral.
Palate: Dry. M acidity, wood. Yellow fruit,
        mineral. round. firm, with acidity.

Bravo!

王雷提供

Bruno Lemoine

sample →

Lassalle酒庄1979年份干红葡萄酒

Château Lassalle 1979

● 中等宝石红带点儿砖红色，不过看起来还是比预期的颜色年轻许多。
● 中等强度的森林底层落叶、潮湿土壤气味，薄荷、红莓与湿木头气息。
● 干型，中高酸度，中等酒体，甘草、黑醋栗、紫苏味，口感柔和平顺，带着青梅味的收尾。

◆ 品尝于2010年3月19日

　　到酒乡去逛专卖店，常会有些意外的惊喜。除了各式各样的名庄酒之外，有时还可以找到年份特别老的酒。买这些老酒就像抽奖一样，开了以后才知道它是否还"活着"。这瓶酒的表现还不错，不算特别复杂，但尝起来还有点儿意思。在一次意大利阿尔巴（Alba）地区的旅行中，我的香港作家朋友刘伟民买了一瓶他出生年份的酒回去，尝了以后告诉我，酒已经不堪入口了。读者朋友们如果发现了自己出生年份的酒，会愿意赌赌看吗？

Château Lassalle

MÉDOC

APPELLATION MÉDOC CONTRÔLÉE

1979

Paul Delon

PROPRIÉTAIRE À POTENSAC - ORDONNAC (GIRONDE)

Mis en Bouteille au Château

PRODUCE OF FRANCE

這是我 2009年3月
去波爾多葡萄酒学校
Bordeaux l'Ecole du Vin
受訓時,在学校附近
有名的葡萄酒专賣店
買来的。

店裡面這種老年份的
"非名莊"酒,也是少数的
特別貨,帶回来一年才開,
不是很有把握表現會如
何!

※ 没用A-SO 開,小飛的
時候木塞断了,幸好順
利取出。

Appearance: M ruby with slightly garnel hue, actually
much younger look than expected.

Nose : M intensity forest bottom, mint, red berries,
wet wood.

Palate: Dry, m⁺ acidity, M bodied, licorice, cassis,
紫苏, smooth, tender. green plum,
山楂.

(Denis 提供)

sample→

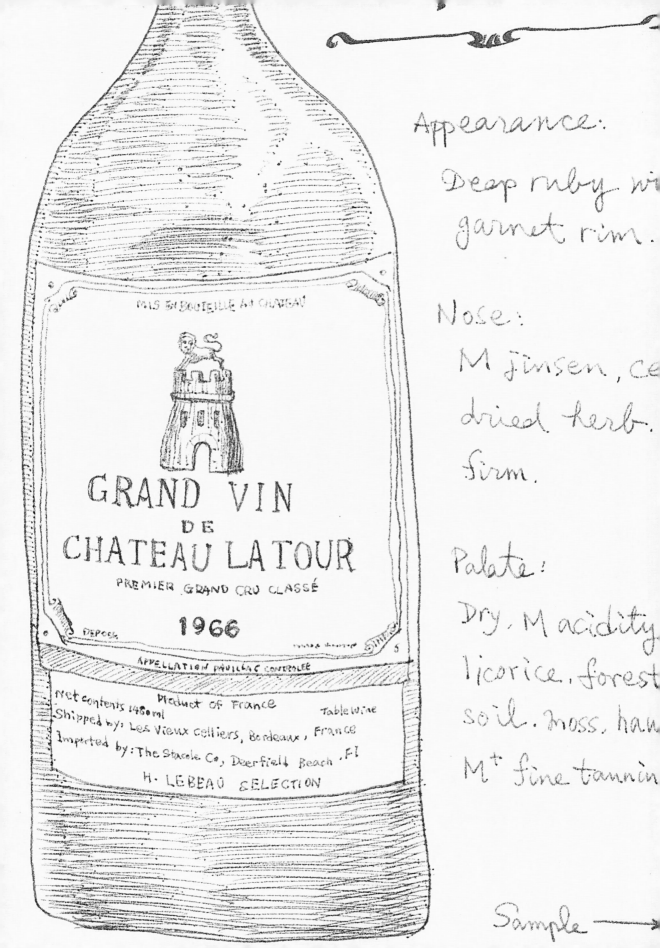

Appearance:

Deep ruby wi...
garnet rim.

Nose:

M jinsen, ce...
dried herb.
firm.

Palate:

Dry. M acidity...
licorice, forest...
soil. moss. haw...
M+ fine tannin...

Sample →

拉图酒庄1966年份干红葡萄酒

（波亚克产区特等一级庄）

Château Latour 1966
1st Grand Cru Classé Pauillac

- 深宝石红色，边缘带有石榴红色。
- 中等强度，仍然扎实的人参、雪松木和干燥草本香料味。
- 干型，中等酸度，橡木、甘草和森林潮湿土壤味、苔藓和山楂味。中等偏强的细致单宁。

◆ 品尝于2011年5月20日

　　拉图酒庄酒标上的标志性建筑，是本庄在 14 世纪建立的双层方形城楼，不过目前已经不存在了。目前常见拉图庄园照片上的圆塔，其实是 17 世纪建立的信鸽楼。拉图的酒在五大酒庄当中是最雄健坚实的，在葡萄品种的种植比例上，80% 是赤霞珠，18% 是梅洛，以及加起来 2% 的品丽珠和味而多。

　　酒庄由奢侈品业的富豪弗朗索瓦·皮诺（François Pinault）所拥有，不过实际的管理者，负责种植和酿造的总监则是弗雷德里克·昂热雷（Frédéric Engerer）。本庄将葡萄园依照不同的土质和微气候分成多个小地块来分别采收与酿制，以达到对酒质最精确的控制。所有的酒都在全新法国橡木桶中进行 18 个月的培养。酒庄最核心的葡萄园 "L'Enclos"，目前正逐渐地转向有机栽培的方式。

Le Loup酒庄1998年份干红葡萄酒

Château Le Loup 1998 Saint-Emilion Grand Cru

● 深宝石红色。

● 牛肉、肉干和孜然等香料气息。

● 干型，柔和中等酸度，中低单宁，成熟的李子、橡木、咖啡、甘草和仙草味。已有老化走下坡的迹象。

◆ 品尝于2010年1月30日

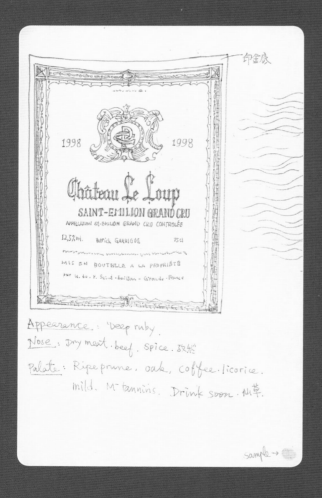

来自圣埃美隆的小酒庄，葡萄园仅有6公顷多。其中48%种植梅洛，52%种植品丽珠。Le Loup在法语里是狼的意思，难道酒庄里有狼？有机会希望能向庄主求证一下！

雄狮酒庄1970年份干红葡萄酒（圣朱利安产区特等二级庄）

Château Leoville Las Cases 1970 2nd Grand Cru Classé Saint-Julien

- Magnum装。深宝石红色，略带石榴红色。
- 中等强度香气，柔和的潮湿木材、成熟李子、摩卡咖啡和森林底层土壤气味。
- 干型，中等酸度，中等酒体，带有李子、红莓、山楂等味道，中等强度的细腻单宁，比想象中年轻。

◆ 品尝于2010年7月21日

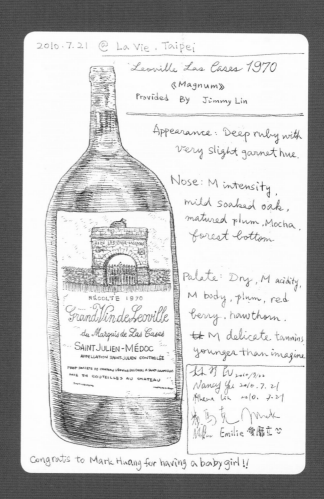

波菲酒庄1989年份干红葡萄酒

Château Léoville Poyferré
1989 2nd Grand Cru Classé
Saint-Julien

- 深石榴红，有些许沉淀物。
- 陈年过的第三类复杂香气，如森林底层土壤、潮湿落叶、毛皮以及草本香辛料气味。
- 干型，鲜明的酸度，集中的山楂糕、陈皮、香辛料以及旧皮革、烟草味。中等偏饱满的粉状单宁感，酒体结构紧实，余味复杂而悠长。

◆ 品尝于2015年7月13日

庄主Didier Cuvelier在微醺手绘素描本上签名

本庄庄主迪迪耶·维利耶（Didier Cuvelier）同时还拥有位于同村的瑞气磨坊堡（Château Moulin Riche）以及圣埃斯泰夫（Saint-Estèphe）的柯若克堡（Château Le Crock）。出生于酒商世家的他年轻时曾经是个会计师，这让同样也是本科学会计专业的我好奇地问他，究竟是父亲希望他接棒管理酒庄，还是因为他自己的兴趣。他笑笑说都不是，说他的家族虽然很早就买下了柯若克堡，但一直以来都不是由家族成员亲自运营；到了20世纪70年代，原本的运营者不做了，于是就只能由他接手下来。从会计师转型为庄主的迪迪耶，聘请了知名的"飞行酿酒师"米歇尔·罗兰（Michel Rolland）做顾问，并积极更新酿酒设备，在葡萄园区块土壤分析上做更深入的研究，并在葡萄园里做各种农耕方法的尝试与实验，调整不同葡萄品种的种植比例等，明显地提升了酒的质量。

在圣朱里安村，除了波菲堡之外还有两个酒庄也是以Léoville这个字打头的，分别是巴顿堡（Léoville-Barton）和雄狮堡（Léoville Las Cases），它们原来属于同一个家族，在梅多克地区是最大的酒庄。但从法国大革命之后，几经分家、转手，目前它们就只剩名字上的这么个共同点了。不过有趣的是，这三家酒庄的葡萄园和庄园、酒窖是互相交错拼接在一起的，像是同一个门牌号的大铁门走进去，右手边的酒窖属于波菲堡，左手边却属于雄狮堡，分别挂着不同的商标徽饰，非常奇特。

在波菲堡的品酒室里，干净单纯的白墙旁边就是用来化验酒质的实验室，而其中一面墙上签满了曾在此拜访过的葡萄酒专家的留言。惊讶地发现，上面有大约十来个中文签名，都是我的熟悉朋友。在这个用来做重要决定（例如品种调配比例）的房间里，我又品尝了几个新老不同年份的酒。曾经被作为波菲堡二军酒的瑞气磨坊堡表现出很像波亚克村风格的雄厚架构，无怪乎从2009年开始就独立成另一个庄的正牌酒。而1989年份的波菲堡正牌酒则展现出迷人复杂又柔和的陈年醇香，于是我当下决定把它画成手绘品酒笔记，让迪迪耶在上面签名。当我依依不舍地离开本庄时，迪迪耶也热情地邀我在墙上题字了；如果读者有机会到波菲堡参观，不妨找找看我的留言在哪里！

2015. 7.13
@ Château
Léoville
Poyferré
Avec Didier
Cuvelier

Merci de la visite

Château Léoville Poyferré

1989

Appearance

M⁺ garnet, with some sediments.

Nose

Evolution notes, such as forest bottom wet leaves, fur. some herb spices.

Palate

Dry, vivid acidity, intense hawthorn, dried orange skin, spices. Old leather, tobacco notes. M⁺ powdery tannins, firm structure. Complex long finish.

李鹏酒庄2004年份干红葡萄酒

Le Pin 2004

(Pomerol)

● 深浓红宝石色。

● 柔和且融合的橡木味、黑李黑莓味、红茶香，逐渐透出檀木和薄荷气味。

● 酒体柔和成熟，带鲜明均衡果味，先有樱桃、乌梅、黑莓味，坚果巧克力味衬托其下；单宁丝柔有层次，内敛的草本植物、甘草余味。整体无懈可击的典雅均衡、精雕细琢、不偏不倚，令人满足但点到为止。

◆ 品尝于2012年12月1日

　　中文名为"李鹏"的Le Pin，也有人把它译为"乐邦"，在法文的原意是松树的意思。它的葡萄园起初仅有一公顷大小，就位于老色丹堡（Vieux-Château-Certan）的旁边，在1979年被老色丹堡庄主的堂弟买下来，一度还被怀疑是老色丹堡要扩张了。它同时还与柏图斯（Petrus）比邻，园主从一开始就是抱着向柏图斯看齐的雄心壮志。此园的单位产量是拉菲堡的一半，可说是投资了相当密集的资本与人力，后虽陆续购进附近葡萄园，目前也不过就总共2公顷多的面积，每年产量仅仅500箱，6 000瓶左右。由于产量稀少，又受到炒作，价格有时甚至超越柏图斯！至于它和柏图斯到底谁比较强，还真是各有拥护者，没有定论。

Le Pin

POMEROL

2004

李 鹏

Appearance
Clear M+ Deep ruby

Nose
M+ very well integrated
oak with prune, black &
blue berries. Some black tea.
Sandal. mint.

Palate
Dry, M acidity, M+ body.
M+ tannins, layered &
silky, M+ intensity plum.
blackberries, great linear
elegant structure, ample
fruitiness → nuts. chocolate.
Very well trained,
polished, enjoyable.
Cherry, prune. refreshing herb.
Licorice. Perfect.

Merci à Dragon Chen

高木阁城堡2002年份干红葡萄酒

Château Les Graves du Grand Bois 2002 Lalande de Pomerol

- 中高浓度的深宝石红色。
- 中等强度的橡木、李子和黑咖啡气味。
- 干型，中等酸度，中等酒体，带有木桶和黑醋栗等味道，风味较简单。

◆ 品尝于2010年3月5日

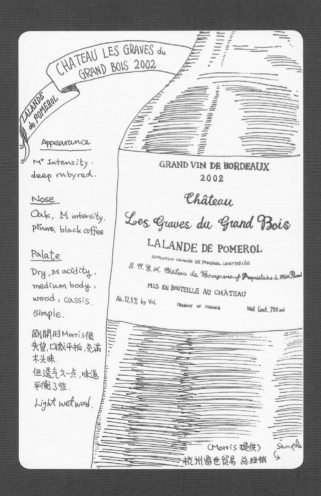

Patris酒庄2004年份干红葡萄酒

Château Patris 2004 Saint-Emilion Grand Cru

● 鲜明的深宝石红色。

● 烟熏、烟草、矿物质和李子的气息。

● 干型，中高酸度，中等偏强单宁，新鲜而年轻，带着李子、蓝莓的丰富果味，以及一些矿物质般的口感。直接、易饮，但口感很平衡。

◆ 品尝于2010年1月1日

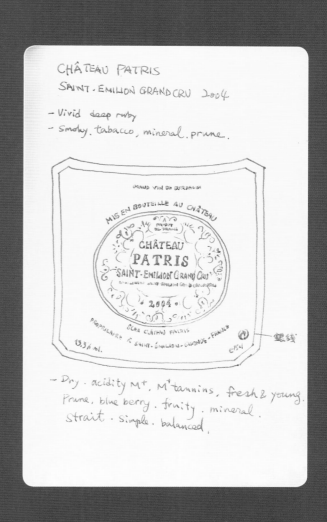

这家酒庄位于圣埃美隆山丘的西南边，拥有9公顷葡萄园，距离金钟庄园不远。种植的葡萄80%是梅洛，另有赤霞珠和品丽珠各占10%，葡萄藤的平均年龄为45岁。年产量为5万瓶，二军酒称作Filius de Château Patris。

玫瑰山酒庄1992年份干红葡萄酒

（圣埃斯泰夫产区特等二级庄）

Château Montrose 1992 2nd
Grand Cru Classé Saint-Estèphe

- 深宝石红，带着微微的砖红色。
- 森林底层落叶、泥土味，以及李子、皮革气味。
- 干型，中等酸度，中等酒体，深色莓果味，成熟但依然年轻而没有过度的老化感。草本叶子的味道，单宁细致。

◆ 品尝于2010年8月6日

　　目前，这个"玫瑰山"酒庄的老板是一位亿万身家的建筑大亨马丁·布伊格（Martin Bouygues），刚在新建的酒窖安装了许多太阳能光伏板，以及最完善的废水处理设备，成为波尔多地区绿色环保酒庄的领头羊。酒的调配比例大约是赤霞珠65%，梅洛25%，以及10%的品丽珠，体质坚实耐久存。现任的酿酒总监是从侯伯王酒庄（Château Haut-Brion）退休的让·戴尔玛（Jean Delmas），本想退休的他受到这家美丽酒庄的老板大力延揽，最后不敌诱惑而重新披挂上阵。

Château Montrose

SAINT-ESTÈPHE

1992 (& 1997)
+ (2004)

Appearance:

Deep ruby with slight hint of brick.

Nose:

Forest bottom, prune. leather.

Palate:

Leaf. dry, M acidity, dark berries still taste young. Matured leaves. delicate tannins.

(1997 more firm tannins) @ peak. balanced.

ripe black berries.

(2004) still young. fresh prune. cherry, tabaceo tannins still nice. 紫蘇. fur.

Provided by Vito Lim. Tasted '95 in 2012.10.15. riper. strong. fruity.

verticle

木桐罗斯柴尔德1981年份干红葡萄酒
（波亚克产区特等一级庄）

Château Mouton Rothschild 1981
1st Grand Cru Classé Pauillac

- 中等浓度的深宝石红色，颜色略暗沉，边缘透出点儿石榴红色。
- 中等强度的酸樱桃、李子以及有点儿氧化的苹果、铁锈和苔藓气味。
- 干型，中等酸度，中等酒体，李子、山楂味，单宁细致，但酒体偏瘦而且有走下坡的倾向。这瓶的表现令人失望，不排除是保存的问题。

◆ 品尝于2010年10月15日

    1973 年，在当时的木桐庄庄主菲利普男爵数十年的努力争取之后，本庄终于从 1855 年分级的二级庄提升为一级庄。木桐的风格在五大酒庄的酒里属于比较讨巧的，它不像拉菲那么庄重典雅，也不像拉图那么坚硬严肃，通常显得较为友善丰富，比较年轻时就能给人愉悦开放的感受。由于酒标年年都是由不同的艺术家所创作的，所以每喝一个年份的酒时都会让人有把酒标收藏起来的冲动。也就因为这样，我已经描绘过几个不同年份的木桐酒标了。

    菲利普男爵创新的思维突破了许多波尔多的传统，他首先玩出"在自家酒庄灌瓶"的概念来强调酒庄对品质的完全掌控，又第一个建立了具有专业戏剧性灯光效果的木桶窖藏室，来让参观者感受强烈心理冲击，而每年邀请一位大师级艺术家来画酒标的创意营销手法，更是充分吸引了收藏家与媒体的关注。不能不说，菲利普男爵真是个神一般的庄主以及天才商人！

Château Mouton
Rothschild
1981

Appearance:

M intensity, a bit dull, deep ruby with garnet in the rim.

Nose: (opened for 5+ hours)

M intensity, sour cherry, plum, oxidised apple, rusty, moss.

Palate:

M body, dry, M acidity, plum, hawthorn, thin, diluted, past peak, drink soon. M, delicated tannins, disappointing...

Provided by 宝莲

帕玛庄园1983年份干红葡萄酒

（玛歌产区特等三级庄）

Château Palmer 1983
3rd Grand Cru Classé Margaux

- 深宝石红带点紫色。
- 李子、雪松木、咖啡和皮革气息。
- 干型，中等酸度，中等单宁，平衡而优雅。李子、浆果、红茶味，已过高峰期。

◆ 品尝于2010年2月5日

　　我对于这家列于 1855 年第三级，但被英国著名酒评家休·约翰逊（Hugh Johnson）誉为超二级，甚至有资格进入一级庄的玛歌区名庄，一直有相当的喜爱。据说当年拿破仑攻打俄国惨败，英国与普鲁士军队趁乱进攻，结束了拿破仑的王朝。当时一位英国少将查理·帕玛（Charles Palmer）在法国巧遇一个刚死了老公、急着想卖酒庄的庄主夫人，两人相谈甚欢，于是帕玛将军便买下了这个庄园，改名为帕玛酒庄。这家酒庄由于冠上了英国名字，在英国市场特别受欢迎，名气也逐渐响亮了起来。可惜这位成为酒庄主人的将军，后来在军中以及日后从政都十分不顺，更糟的是还染上了酗酒和赌博的恶习，结局是家产散尽后回到伦敦，贫病潦倒以终。

　　酒庄几经易手，后由酒业两大家族Sichel和Mahler-Besse共同执掌，让此庄重新发光发亮。最近一次品帕玛庄的酒，是沾了该庄推广总监Bernard de Laage de Meux 先生来上海的光，我几年前也跟他在台北一起品尝过较早年份的酒，异地再次见面觉得格外的亲切。我把这篇和朋友品尝 1983 年份酒时画下的素描给他签名时，他很仔细地阅读了我的品酒记录。不过他看了之后大表不赞同，主要是因为看到最后一句 "Past the peak"（已过高峰期）。根据他的经验，这年份还可以放好长一段时间，所以他认为我喝到的这瓶肯定在运送或保存时出了什么问题。因此他在素描本上很认真地留了一大段话，还邀请我一定要找机会到他们的酒窖里，重新品尝一次保存在良好状态下的酒。看来，下次去波尔多，不去帕玛走走是不行了！

Château Palmer 1983

<u>Appearance</u>: Deep
ruby purple.

<u>Nose</u>: Prune.
Sandal wood. coffee.
leather.

<u>Palate</u>:
Dry, acidity M,
M tannin, elegant.
Prune, berries.
balanced, black tea.
Past the peak.

(王雷提供)

Great to see you again in Shanghai!
I hope you will have the opportunity to try
another bottle. The 1983 Palmer has still
a long way to go when kept in cool
conditions. There may have be a problem
on this bottle. I encourage you to read
the tasting notes dates February 2009 on
our website.
Let's do another tasting at the Chateau
when you come!
                    cheers!   Bernard Chample

柏菲酒庄2004年份干红葡萄酒

（圣埃美隆产区特等一级庄A等）

Château Pavie 2004 Saint-Emilion Premiers Grands Crus Classé A

- 浓郁的深宝石红色。
- 森林底层落叶泥土和苔藓的气息，李子、梅子和薄荷气味，略带肉味。
- 干型，中高酸度，成熟的黑色水果味，黑樱桃、甘草味。紧密坚实的中等偏强单宁，后段带有雪松木味，果酱般浓郁。酒体架构良好，有很好的陈年潜力，但目前已经很令人愉悦。

◆ 品尝于2010年9月21日

作者与葡萄酒大师杰西丝·罗宾逊（Jancis Robinson）合影于上海

　　本庄在圣埃美隆一直是个有争议的酒庄，只要谈到新派或旧派风格之争，总会被作为新派的代表而提及。它在1954年获得了圣埃美隆Premiers Grands Crus Classé B的评级，而在2012年与金钟庄园一同被提升为Premiers Grands Crus Classé A，与白马、欧颂酒庄并列。关于它最知名的争议，当属2003年份酒被英国葡萄酒大师杰西丝·罗宾逊（Jancis Robinson）评为"过度成熟如同波特酒，果酱感令人联想起美国的金粉黛，没有波尔多的优雅特色"，只给了它12分（满分20分）。相对地，美国的罗伯特·帕克（Robert Parker）一如既往地给它高分，他甚至给过这个庄的酒满分。两人的跨海笔战甚至脱离了对酒的客观讨论，而牵扯到了对庄主的私人情谊或成见等说法。不过无论怎么吵，似乎都还是给三方带来了极大的宣传效果！

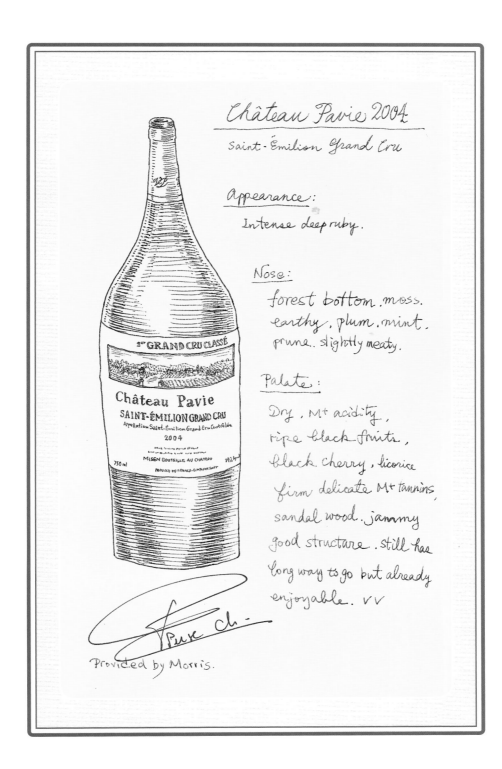

Château Pavie 2004

Saint-Émilion Grand Cru

Appearance:

Intense deep ruby.

Nose:

forest bottom. moss.
earthy, plum, mint,
prune. slightly meaty.

Palate:

Dry, M+ acidity,
ripe black fruits,
black cherry, licorice
firm delicate M+ tannins,
sandal wood. jammy
good structure. still has
long way to go but already
enjoyable. vv

Provided by Morris.

柏图斯酒庄1970年份干红葡萄酒

Petrus 1970 Pomerol

● 喝到这款老年份的"波尔多酒王"柏图斯（Petrus），真的让人很难保持平常心。高肩部水位，酒标完整，瓶帽粘得很紧，略有锈迹。割开瓶帽后用老酒开瓶器阿瘦（Ah-So）缓缓地拔出已经软化的木塞，但最下方约两毫米处还是断开了，更加小心翼翼地用螺旋钻完整取出，幸好没掉木屑。原本担心还能不能喝，打开后一闻就放心了，气味干净而清新，没有过度老化感。决定不进醒酒器，直接在杯中醒，细细欣赏它开放的过程。

● 酒液呈暗石榴色，带些微粉状沉淀。

● 气味干净清新，带有山楂、红色干果和微微的森林潮湿土壤苔藓气味，状态比预期的年轻许多，并且在两小时当中持续绽放，逐渐转为草本植物和薄荷的清凉香气。

● 口感起初十分细致优雅，山楂、甘草味均衡展开，略带咸味，中等丝柔的单宁逐渐放大为层次感丰富且厚实的单宁，并逐渐凸显梅子、薄荷味。酒王果然名不虚传，不仅没让我失望，而且还完全折服！

◆ 品尝于2012年12月1日

位于法国波尔多右岸波美侯（Pomerol）产区的柏图斯酒庄，其名称首见于1837年的文献，目前也仅有11.4公顷的葡萄园，其中95%种植梅洛，5%种植品丽珠，年产量很少。现任庄主克里斯蒂安·穆埃克斯（Christian Moueix）正巧就是在1970年接掌了本庄。此酒的酒标上没有波尔多酒常见的"Château"字样，庄主是这么解释的："我们没有城堡，酒庄的建筑充其量只能称作农舍，真的！"

电影《杯酒人生》（*Side Ways*）制作人原本在片尾想让男主角用纸杯喝的是柏图斯，但后来改成了白马庄园的酒。庄主表示："经常有电影剧本送来洽谈合作的可能性，我隐约记得看过《杯酒人生》的剧本，但可能因为觉得剧情不怎么吸引人，所以婉拒了！"

2012.12.1
@ La Verbena

PETRVS
POMEROL
1970

✤Appearance✤

High shoulder level.
Tight attached cap.
Clean label bit
danrer paper.
Clear, M⁺ intensity
dark garnet. slight
sediments.

✤Nose✤

Clean, fresh red fruits,
berries, slightly damp
forest floor, doesn't
show much aging.
Some herb. changing for
2↑ hours → amazing mint

✤Palate✤

Dry, M⁺ acidity, M body,
very elegant. exuberant
hawthorn, licorice,
slightly salty, M⁺ silky
tannins. M⁺→ Heavy
powdery, reveal plum.
gradually opened up with mint.
→ some soy sauce. —

Merci à Dragon Chen

飞龙世家酒庄2001年份干红葡萄酒

Château Phélan Ségur
2001 Saint-Estèphe

● 有幸在2010年年底的香港酒展时，受邀参加了由庄主主持的飞龙世家（Château Phélan Ségur）七个年份垂直品鉴会。本庄果然名不虚传，虽非列级庄，但品质足以和大部分三级庄的酒相提并论。在忙碌的自助垂直品鉴会场当场绘制品酒笔记，可说是很大的挑战，很开心还是当场完成了！

◆ 品尝于2010年11月1日

　　本庄位于波尔多左岸圣埃斯泰夫村，历史可追溯至19世纪初。目前拥有89公顷葡萄园，在种植面积上，梅洛占50%，赤霞珠占45%，品丽珠占4%，味而多占1%。在2003年梅多克士族名庄重新评选时，飞龙世家被评选为九家特优级别（Exceptional）的酒庄之一。本庄聘请了知名的飞行酿酒师米歇尔·罗兰（Michel Rolland）担任顾问，酒质极为优异，曾被罗伯特·帕克评为五星级酒庄，也曾被欧洲专业杂志评为世界50家性价比最优的酒庄之一，其品质常超越1855年列级庄的三级到五级庄，但价位却常低于五级庄。

2010. 11. 1, Hong Kong Hyatt
Château Phélan Ségur
Tasting

Château Phélan Ségur

11/12/02

Veronique Dausse

Thierry Gardinier

1996, 1999, 2001, 2003, 2005, 2006
2007

Baron.

CHAT^{eau} LONGUEVILLE
Pauillac.Médoc

1994

BARON de PICHON-LONGUEVILLE

BORDEAUX

CRUCLASSE AU1855

MIS EN BOUTEILLE A CHATEAU
APPELLATION PAUILLAC CONTROLEE

13% Vol   75cl

proa of France.

A: Deep ruby.

N: Soy sauce.
Cassis.
ripe black b

P: Dry. Acidit
Tannin M, Boc
black cherry.
licorice. Herb.
M+ length.

酒標太複雜
害我の唱低

Demo

碧尚男爵酒庄1994年份干红葡萄酒
（波亚克特等二级庄）

Château Pichon Longueville Baron 1994 2nd Grand Cru Classé Pauillac

● 深宝石红色。

● 酱香、黑醋栗和成熟黑莓果香气。

● 干型，中高酸度，中等的单宁和酒体，黑樱桃、雪松木、甘草和草本植物味，中长余味。

◆ 品尝于2009年12月4日

碧尚男爵庄原本属于一个比较大的酒庄，在1850年分拆，另一部分则是今日的碧尚女爵庄（Château Pichon Longueville Comtesse de Lalande）。20世纪六七十年代因主事者不思长进而使得声誉江河日下，直到1987年法国最大保险集团AXA将它买下并斥资大力整顿，终于逐渐回复名声和价格，回到可以与姐妹庄平起平坐的等级。

本庄拥有73公顷葡萄园，在种植比例上，赤霞珠为60%，梅洛为35%，品丽珠为4%，味而多为1%，葡萄藤年龄平均约30岁。采用每公顷9 000株的种植密度，收成量在每公顷4 000升以下。本庄也生产二军酒，名为Les Tourelles de Longueville。

碧尚女爵酒庄1982年份
干红葡萄酒

（波亚克特等二级庄）

Château Pichon Longueville
Comtesse de Lalande 1982
2nd Grand Cru Classé Pauillac

● 被罗伯特·帕克打了100分的酒！中等偏浓的深宝石红色，带有些许石榴红色。

● 类似重发酵红茶、烟叶、黑色浆果和李子的香气。

● 干型，中等偏高酸度，紧密结实的酒体，现在已经展现出不错的成熟风味，但还有陈年变化的潜力。浆果、苔藓味，中等酒体，整体相当平衡，有着细腻宜人的单宁。余味中带有山楂、草本香料、橡木和淡淡的甘草味。

◆ 品尝于2010年10月2日

　　碧尚女爵庄与前一款提到的碧尚男爵庄原属于同一家酒庄，18世纪初陆续由家族里的三位女爵所掌管，直到法国大革命前夕。1850年，当时的庄主约瑟夫的女儿维吉妮（Virginie）嫁给了拉朗德伯爵，因此部分葡萄园被作为嫁妆，成为了今天的碧尚女爵酒庄。1925年，本庄被米勒（Miailhe）家族买下，而到了2007年，香槟名庄路易王妃酒庄（Louis Roederer）成为碧尚女爵庄的新主人。

　　本庄拥有78公顷葡萄园，其中61%种植赤霞珠，32%为梅洛，4%为品丽珠，以及3%为味而多。

2010.9.21 小飞家

Château Pichon Longueville
— 2004 —
Comtesse De Lalande

Appearance:

M⁺ deep ruby with hint
of purple.

Nose:

Fresh berries, prune,
mint. aged aroma not
appeared yet. → dried meat.

Palate:

Dry. M⁺ acidity. fresh
prune. red berries,
tannins a bit young &
raw in texture. licorice.
→ salty.
Still very young &
needs time.

Bravo!
Amélie
Sylvie Cazes

Provided by Philip. Morris 搬入.

144-145

宝得根酒庄2004年份干红葡萄酒

（波亚克特等五级庄）

Château Pontet Canet 2004
5th Grand Cru Classé Pauillac

- 中高浓度的深宝石红色。
- 成熟的黑浆果、黑樱桃和黑巧克力香气。
- 干型，中高酸度，黑醋栗、黑樱桃果味；中等偏高单宁，饱满坚实的酒体，甘草余味。

◆ 品尝于2010年2月27日

本庄由梅多克的皇室官员 Jean-François de Pontet 建立于 18 世纪初期，是梅多克产区最大的酒庄之一。1865 年，当时的波尔多大酒商 Herman Cruse 买下本庄，为本庄修建酒窖，更新酿酒设备，并将本庄推向国际市场。1975 年，来自干邑区的另一家酒商 Guy Tesseron 买下了本庄，并由该家族经营至今。

酒庄位于木桐酒庄南邻，有 80 公顷葡萄园，种植比例上，赤霞珠为 62%，梅洛为 32%，品丽珠为 4% 以及味而多为 2%。本庄不使用化学除草剂，并且在需要施肥的地块只使用有机肥，葡萄园获得有机认证，并采用生物动力法的种植方式。

sample

GRAND CRU CLASSÉ EN 1855

CHÂTEAU
PONTET-CANET
2004
PAUILLAC
APPELLATION PAUILLAC CONTRÔLÉE

SAS DU CHÂTEAU PONTET-CANET · PAUILLAC · GIRONDE · FRANCE

ALFRED ET GÉRARD TESSERON

13%vol. MIS EN BOUTEILLE AU CHÂTEAU   750 ml.

BORDEAUX · PRODUIT DE FRANCE

Appearance: M+ Deep ruby purple
Nose : Ripe black berries, black cherry, dark chocolate.
          Palate: Dry, M+ acidity, cassis, black cherry,
(林志鵬提供)   M+ tannins, licorice. Full bodied.
          firm, Like 30yrs. man

宝捷酒庄1993年份干红葡萄酒

Château Poujeaux 1993
Moulis-en-Médoc

● 深宝石红带着石榴红色边缘。

● 咖啡、重发酵茶叶味，以及酸菜的气味。

● 干型，中等酸度，中高单宁和酒体，紧实而优雅。有山楂和橡木味；略显疲态，走下坡的状态。

◆ 品尝于2010年2月5日

　　本酒庄位于慕里斯（Moulis）村，在梅多克产区算是比较容易被忽略的一个酒庄。本庄和"忘忧堡"（Château Chasse-Spleen）同属此村庄最优秀的酒庄，在 2003 年的士族名庄评选中都被评为特优等级。拥有 52 公顷葡萄园，其中赤霞珠为 50%，梅洛为 40%，品丽珠为 5%，味而多为 5%。每年产量约 25 000 箱，也生产名为 La Salle de Poujeaux 的酒。

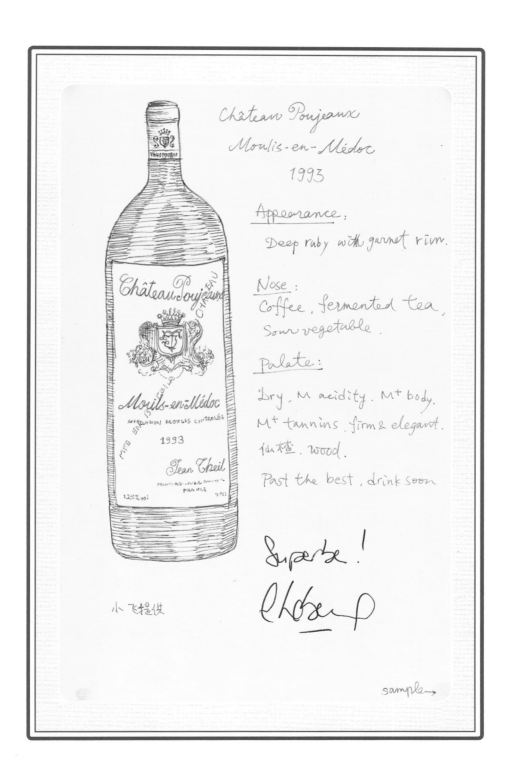

Château Poujeaux
Moulis-en-Médoc
1993

Appearance:
Deep ruby with garnet rim.

Nose:
Coffee, fermented tea,
sour vegetable.

Palate:
Dry. M acidity. M+ body.
M+ tannins, firm & elegant.
仙楂. wood.
Past the best. drink soon

Superb!

小飞提供

sample→

马龙酒庄2005年份干红葡萄酒

Château Quinault L'Enclos 2005
St-Emilion Grand Cru

- 中高浓度的深宝石红色。
- 鲜明的黑色浆果、李子香气，以及淡淡的烘烤橡木、雪茄盒气味。
- 干型，中高酸度，很有活力且集中的黑莓果味和橡木味，细腻有力的单宁，相当年轻，有很长的陈年潜力。

◆ 品尝于2010年10月2日

本酒庄位于波尔多右岸圣埃美隆产区，利布尔讷近郊。它也属于酿造所谓"车库酒"的庄园之一，亦即不计成本酿造极为浓郁、成熟、饱满，容易得到酒评家高分，价格也十分昂贵的波尔多右岸酒。它拥有 20 公顷以墙环绕的葡萄园，种植的品种比例，梅洛为 65%，品丽珠为 20%，赤霞珠为 10%，马尔贝克为 5%。

2008 年，本庄被LVMH集团总裁伯纳德·阿尔诺（Bernard Arnault）和他的合伙人阿尔伯特·弗雷（Albert Frère）买下，成为该集团继白马庄园之后拥有的另一个圣埃美隆酒庄。

CHATEAU QUINAULT

Le' Enclos
2005

Saint-Emilion
Grand-Cru

Appearance:

M+ deep ruby.

Nose:

Vivid black berries.
Prune, slightly smoked
oak, cigar box.

Palate:

Dry, M+ acidity.
firm, black berries.
vibrant fruitiness,
oak, fine & powerful
tannins, can be further
developped.

provided by J.P. Lin.

Saint Martial酒庄2004年份干红葡萄酒（玛歌产区特等二级庄）

Château Saint Martial 2004 2nd Grand Cru Classé Margaux

- 深宝石红色。
- 中高强度的柔和成熟莓果、香草、橡木气味，以及微微的青椒味。
- 干型，中等酸度，柔软圆润的黑李子味、青椒味以及肉味，奶油般柔细的单宁。令人联想到一位性感的中年女性。

◆ 品尝于2010年7月31日

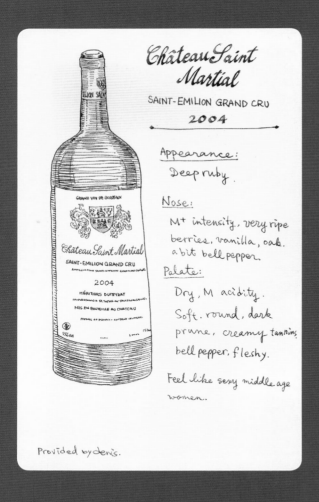

大宝酒庄1970年份干红葡萄酒（圣朱利安特等四级庄）

Château Talbot 1970 4th Grand Cru Classé Saint-Julien

- 鲜明的深宝石红色。
- 烟熏、烟草、矿物质和李子的气息。
- 干型，中高酸度，中等偏强单宁，新鲜而年轻，带着李子、蓝莓的丰富果味，以及一些矿物质般的口感。直接、易饮，但口感很平衡。

◆ 品尝于2010年1月1日

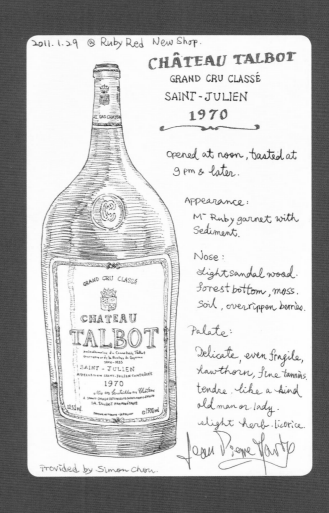

大宝酒庄建于15世纪，曾经过几次易手，从1917年至今为科尔迪耶（Cordier）家族所拥有。本酒庄在1855年被列为特等四级庄，拥有102公顷葡萄园，红葡萄种植比例赤霞珠为68%，梅洛为28%，味而多为4%，葡萄藤平均年龄42岁。本庄也种植白葡萄品种，长相思为80%，赛美蓉为20%。

豪庄·赛格拉酒庄2009年份干红葡萄酒

（玛歌产区特等二级庄）

Château Rauzan-Ségla 2009
2nd Grand Cru Classé Margaux

- 浓郁的深宝石红色。
- 中高强度的柔和成熟红黑色浆果、莓果气味。
- 干型，中等酸度，丰满的黑色果实、红色莓果，以及融合度良好的橡木味，酒体优雅细致，单宁细腻；目前已相当令人愉悦，当然再陈放几年将能再发展出更多复杂的风味。

◆ 品尝于2010年10月30日香港东方文华酒店新年份发布午宴

2012年6月，我很荣幸地受到香奈儿（Chanel）的邀请，在波尔多葡萄酒节期间，去拜访他们所拥有的两家酒庄——位于玛歌区（Margaux）的豪庄·赛格拉庄（Château Rauzan-Ségla），以及位于圣埃美隆（St. Emilion）的开隆庄园（Château Canon）。

来到豪庄·赛格拉酒庄，首先就在以红色为主，搭配繁复花纹并装饰了古典家具和东方艺品的起居室，感受到浓浓的贵族味和历史感。每间客房都设计成不同的色系，浴室里则摆放着香奈儿的香水和沐浴露等提供给客人使用。这家建立于1661年、路易十六时期的酒庄，在1855年被列为特等二级庄。目前的酒庄建筑是在1903年建造，并且香奈儿在1994年收购后，投入巨资进行葡萄园、庭园、酒窖和主建筑逐步重整翻修，使其重新焕发出昔日的风采。这个庄有一位令人津津乐道的客户，就是以爱酒闻名的美国总统杰弗逊。当他还是美国驻法大使的时候，有天经过这里，进来尝了酒之后惊艳不已，从此成为常客。在品尝室的墙上，我还看到挂着杰弗逊总统当年手写的订单，这令酒庄里的人们感到相当的自豪。

香奈儿聘请了在波尔多有多年酿酒经验，曾任职于拉图酒庄的约翰·科拉萨（John Kolasa）来担任酒庄负责人。这位长得有点儿像法国影星让·雷诺的苏格兰大胡子叔叔，外表粗犷但为人谦和慈祥，并且很有耐心，相当重视细节。在他的打理下，酒窖井井有条，一尘不染。而在他的带领下，豪庄·赛格拉庄的酒又再次令酒评家们打出高分。由于2011年正逢豪庄·赛格拉庄的350周年纪念，因此特地请香奈儿首席设计师卡尔·拉格斐（Karl Lagerfeld）设计了本年上市的2009年份酒标，他快意挥洒的手绘城堡图案，堪称高端时尚与顶级佳酿的绝美结合，也让这个世纪年份的美酒更添不少收藏价值。

附上几张照片，是在巴黎参加香奈儿高级定制时装秀时见到的几位国际巨星，依序为周迅（左上）、休·格兰特（右上）、卡尔·拉格斐（左下）、米拉·乔沃维奇（右下）。

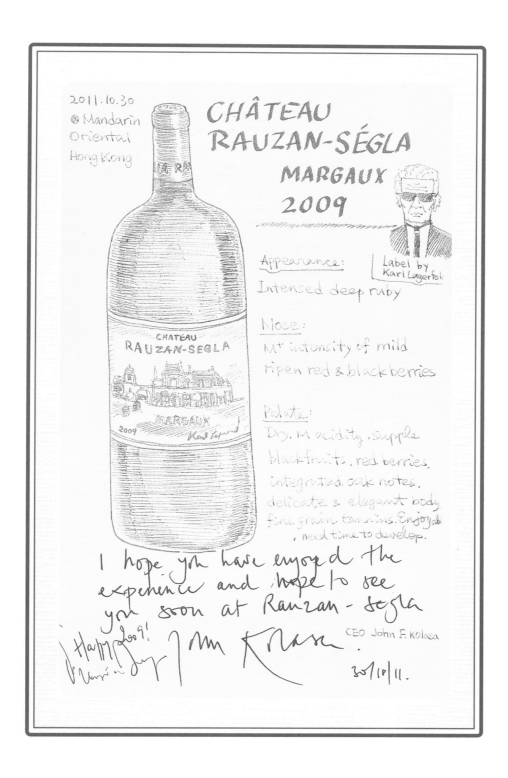

2011.10.30
@ Mandarin
Oriental
Hong Kong

CHÂTEAU
RAUZAN-SÉGLA
MARGAUX
2009

Label by
Karl Lagerfel

Appearance:
Intensed deep ruby

Nose:
M' intensity of mild
ripen red & black berries

Palate:
Dry. M acidity. supple
blackfruits, red berries.
integrated oak notes,
delicate & elegant body
fine grain tannins. Enjoyab
, need time to develop.

I hope you have enjoyed the
experience and hope to see
you soon at Rauzan-Segla

Happy 2009!

CEO John F. Kolasa

30/10/11.

Burgundy
勃艮第

Billaud-Simon酒庄2007年份夏布利特级园干白葡萄酒

Domaine Billaud-Simon 2007
Chablis Grand Cru

- 中等柠檬黄色。
- 中等强度的柑橘、苹果香气，略带奶香。
- 干型，中高酸度，矿物质口感。中等偏饱满酒体，菠萝味，清新而且架构良好。

◆ 品尝于2010年11月26日

　　本酒庄创立于1815年，现任庄主贝尔纳·比约（Bernard Billaud）在18岁时离家到巴黎去攻读艺术专业，特别专精于绘画、雕塑和爵士乐。30年后他回到家乡，和侄子萨米埃尔（Samuel）一起从父亲的手中接下了家族酒庄发展的重任。美学的功底以及多年在巴黎从事传播顾问的经验，使他的品味有别于在乡下成长的其他庄主，他说："远离了家乡，反而让我更能看清楚夏布利葡萄酒该走的方向。"确实，在他的掌舵之下，夏布利葡萄酒呈现了更加细腻均衡的风格。

2010.11.26 @ Philip's

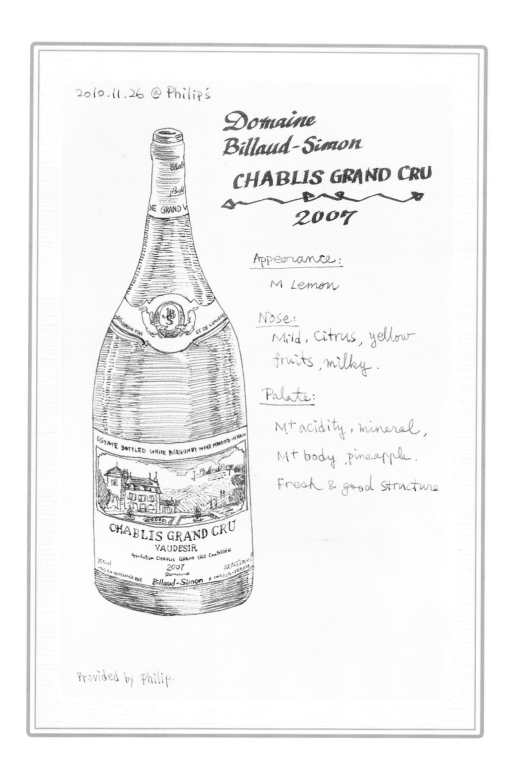

Domaine
Billaud-Simon
CHABLIS GRAND CRU
2007

Appearance:

M Lemon

Nose:
Mild, Citrus, yellow
fruits, milky.

Palate:

M+ acidity, mineral,
M+ body, pineapple.
Fresh & good structure

Provided by Philip.

胡索庄2003年份贝泽特级园干红葡萄酒

Domaine Armand Rousseau Père et Fils 2003 Chambertin Clos De Bèze Grand Cru

- 深宝石红色。
- 蓝莓、黑莓以及烘焙咖啡豆、融合良好的橡木气味，并带有微微的薄荷清凉感。
- 干型，集中的黑色与蓝色莓果味；中等偏饱满酒体，浓郁而圆润，有甘油的口感，微辛辣。黑咖啡、黑樱桃余味。2003年这个特别炎热的年份，也让这款酒呈现了与一般年份不一样的成熟厚重风味。

◆ 品尝于2011年11月18日

　　20世纪初，当时年仅18岁的阿尔蒙·胡索（Armand Rousseau）继承了位于杰维–香贝丹村（Gevrey-Chambertin）的几块葡萄园，于是便以自己的名字创立了酒庄。他出身于一个小地主家庭，成员主要都从事葡萄种植、买卖以及制桶方面的工作。1909年成婚的他，得到了太太娘家给的另一块葡萄园作为嫁妆，加上陆续收购的几个临近特级园，他的酒庄逐渐壮大。1959年，阿尔蒙·胡索不幸在打猎返回的途中遇车祸身亡。他的儿子查理（Charles）克绍箕裘，继续把酒庄经营得有声有色，并且成功地拓展了欧洲其他国家和美洲、澳大利亚、亚洲的出口市场。

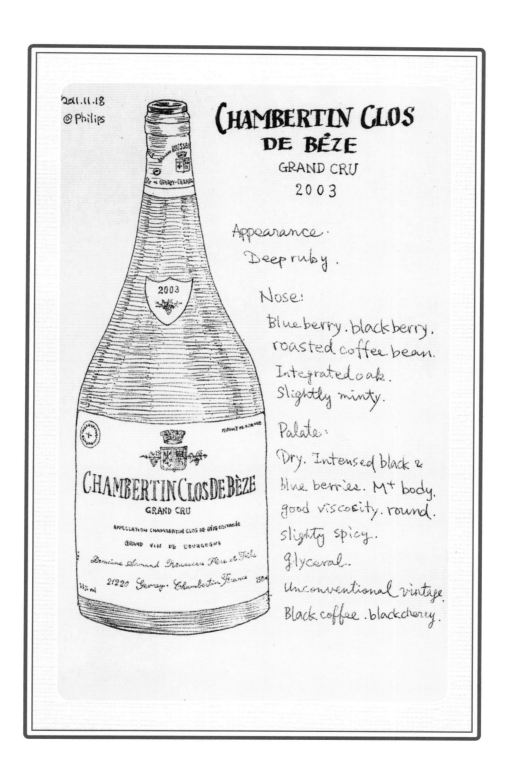

2011.11.18
@ Philips

CHAMBERTIN CLOS DE BÉZE
GRAND CRU
2003

Appearance.
Deep ruby.

Nose:
Blueberry. blackberry.
roasted coffee. bean.
Integrated oak.
Slightly minty.

Palate:
Dry. Intensed black &
blue berries. M+ body.
good viscosity. round.
slighty spicy.
Glyceral.
Unconventional vintage.
Black coffee. blackcherry.

A. F. Gros庄2005年份波玛一级园干红葡萄酒

Domaine A. F. Gros 2005 Pommard
(1er Cru Les Pézerolles)

- 清澈的中等宝石红色。
- 雪松木、草本植物气息。
- 干型，中等酒体，中高酸度；清新的蓝莓、雪松木、茶叶和烟叶味，细致的单宁，中等长度的红樱桃余味。

◆ 品尝于2010年11月26日

本酒庄建立于1988年，但庄主安妮（Anne-Françoise Gros）已经是家族开始酿酒以来的第六代传人。由于联姻、分家以及购入新酒庄等，Gros家族在Flagey Echézeaux、Vosne-Romanée、Vosne和Pommard葡萄园已经拥有四个知名的酒庄。

由于是女庄主，酒标设计也特别具有女性的细腻风格，不同法定产区的酒上面都有幅美女的素描肖像，而且角度、眼神和发型还会反映出酒的风格，大家有机会品尝的时候，不妨注意一下是不是真有这样的差别！

DOMAINE A.-F. GROS

Pommard

2005

Appearance:
Clear M ruby.

Nose:
Cedar, herb.

Palate:
Dry, M body, M⁺ acidity,
fresh blue berries. cedar,
tea, tabaco. delicate
tannins. red cherry.
M length.

A gift from Morris:
Apple with "Want want" word
on the skin.

Provided by Morris

162-163

胡索庄2005年份香贝丹特级园干红葡萄酒

Domaine Armand Rousseau Père et Fils 2005 Chambertin Grand Cru

- 清澈的中等宝石红色。
- 中等强度的樱桃、黑莓，以及微微焦炭、新皮革与白胡椒气味。
- 干型，中高酸度，中等酒体；中等偏强的坚实、顺滑如丝绸般单宁，中强新鲜樱桃、李子、浆果和胡椒味；仍然很年轻，估计还要五到七年才会进入最佳适饮期。随着醒酒时间，单宁逐渐变得强劲，花香绽放开来，有着紫罗兰花香以及更明显的樱桃味，而且口感变得更加集中了！

◆ 品尝于2012年12月1日

本庄由阿尔蒙·胡索（Armand Rousseau）在 20 世纪初所创立，目前拥有 15.33 公顷的葡萄园，其中 3 公顷是村庄级，3.77 公顷是一级园，8.51 公顷是特级园。全都分布于 Gevrey-Chambertin 和 Morey-Saint-Denis 地区。葡萄品种全部是黑皮诺，葡萄藤平均年龄在 40~45 岁，种植密度为每公顷 11 000 株。采用传统低产量的种植方式，已经多年没有施肥。

1959 年，阿尔蒙·胡索在打猎回程遭遇车祸过世，酒庄由儿子查理·胡索（Charles Rousseau）接手。拥有法学和酿酒学位的他，英语和德语都十分流利，在他的经营下本庄致力于外销市场的拓展，在国际上获得很大的成功。

本庄年产量约 65 000 瓶，其中 80% 外销。本酒被公认为世界百大葡萄酒之一，价格不菲。

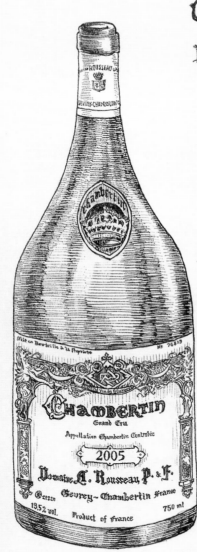

CHAMBERTIN
2005
Domaine A. Rousseau
Gevrey-Chambertin

Appearance

Clear. M intensity ruby

Nose

M intensity, cherry, black berry, slightly char, leather some white pepper. (new)

Palate

Dry, M+ acidity, M body, M+ firm linear silky tannins. M+ very fresh cherry, plum, berries, pepper, still quite young. Estimate to reach peak 5-7 years later.
→ tannins up, blossom beautifully violet, cherry ↑, more & more intensive.

Merci à Dragon Chen

Bachelet庄1996年份香姆–香贝丹特级园干红葡萄酒

Domaine Bachelet 1996
Charmes-Chambertin

- 中等宝石红色。
- 甘草、山楂，以及森林中小溪流岩石上苔藓的气味。
- 干型，中高酸度，山楂味，干燥草本植物味，樱桃味。细腻精致的中等单宁，桑葚、甘草余味。

◆ 品尝于2011年5月20日

　　本酒庄庄主，出生于杰维–香贝丹村（Gevrey-Chambertin）的 Denis Bachelet 在 20 世纪 80 年代早期加入了家族酒庄的事业。葡萄园总面积仅有 4 公顷，除了产一些夜丘村庄级酒（Côte-de-Nuits Villages），勃艮第大区红酒以及阿里戈特（Aligoté）干白葡萄酒，他家还拥有 1.23 公顷的杰维·香贝丹村庄级葡萄园，0.43 公顷的杰维·香贝丹一级园"Les Corbeaux"以及 0.43 公顷的杰维·香贝丹特级园——香姆园（Charmes-Chambertin）。他的地主要位于该葡萄园地势最高处，葡萄藤年龄平均约 100 岁。

　　全部的葡萄在酿制时都去梗，经过几天的低温浸皮，并且使用野生酵母发酵。酒与酒泥尽可能地长时间浸泡，装瓶前不经澄清和过滤。新桶的使用率介于 25% 到 50% 之间，他家的香姆园葡萄酒每年产量低于 200 箱，在市场上一瓶难求！

Domaine Bachelet

Charmes-Chambertin

1996

Appearance:

M ruby.

Nose:

Licorice, hawthorn,
forest creek rock
moss,

Palate:
Dry, M+ acidity,
hawthorn. dried herb.
cherry, delicate M
tannins
licorice. mulberry.
低调.优雅细致.成熟.

→ sample.

Bizot庄2007年份上夜丘干白葡萄酒

Domaine Bizot 2007
Hautes-Côtes de Nuits

- 中等偏浓柠檬黄色。
- 成熟的菠萝、橡木、白脱糖和檀木气味。
- 干型，高酸度，中等偏饱满酒体，柑橘、矿物质味，紧实而爽脆，清新中等长度的余味。随着醒酒，檀木味的口感逐渐增强，余味也变得悠长，给人的感觉像是20多岁，年轻而且脾气倔强的女子。

◆ 品尝于2010年3月19日

    本庄是位于Vosne-Romanée村庄的名庄，这个村庄虽小，但名气却很大。庄主让·伊夫（Jean Yves）在这里拥有2.74公顷的葡萄园，除了几块在Vosne-Romanée的地块，还有0.55公顷的Echézeaux，以及很小一块种植霞多丽的地块，葡萄藤的平均年龄大约60岁。

    本庄采用高密度种植，低产量，不使用化学药剂。将整串葡萄不去梗发酵，使用野生酵母，发酵完成后进入全新橡木桶发酵，并自然进行乳酸发酵。培养完成后不经过滤，以手工灌瓶。

2010.3.19 小飛象

Domaine Bizot

viticulteur à vosne-romanée, côte-d'or france

bourgogne
hautes-côtes de nuits 2007

appellation bourgogne hautes-côtes de nuits controlée

12% vol. vinifié, élevé et mis en bouteille par jean-yves bizot 750 ml
vin de bourgogne · produit de france · contient des sulfites

Appearance : M⁺ Gold.

Nose : Ripe pineapple, oak, white candy, Sandal wood.

Palate: Dry, High acidity, M⁺ body, citrus, mineral.
firm, crispy. M length. refreshing

Taste like 20 something young lady
Then: Sandal wood, intense long finish.
Tough Character.

一 小飛
(主審 提供)

168-169

德尼·莫特庄2002年份伏旧园干红葡萄酒

Domaine Denis Mortet 2002
Clos de Vougeot

- 深宝石红色。
- 清新的玫瑰花瓣、红色浆果香气。
- 干型，新鲜莓果、李子味，清爽而令人愉悦；略带橡木味的收尾，建议再陈放五至七年。

◆ 品尝于2011年6月24日

本酒庄由庄主德尼·莫特（Denis Mortet）的父亲查理（Charles）创立于1956年，起初仅有一公顷葡萄园。1978年，德尼·莫特和妻子加入家族酒庄，并于1993年正式继承家业。从这年开始到2000年之间，他陆续买入Gevrey-Chambertin，Chambolle-Musigny、Vougeot、Marsannay和Chambertin Grand Cru等区的地块，目前总面积达到11.2公顷。

酿造时先经过完全去梗以及三道人工拣选，一切过程讲求轻柔以及果味的保存。在全新橡木桶中带酒泥培养18个月，装瓶前仅进行一次换桶。

令人遗憾的是，被誉为天才酿酒师的德尼·莫特因为忧郁症发作，已经在2006年举枪自杀身亡，2004年份是他亲手酿造的最后一款年份酒。

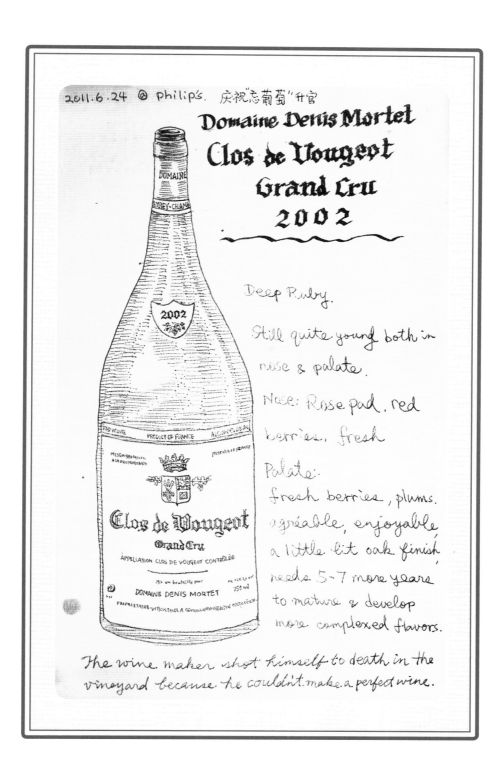

2011.6.24 @ Philip's. 庆祝"忘葡萄"升官

Domaine Denis Mortet
Clos de Vougeot
Grand Cru
2002

Deep Ruby.

Still quite young both in nose & palate.

Nose: Rose pad. red berries. fresh

Palate:
fresh berries, plums. agréable, enjoyable, a little lit oak finish, needs 5~7 more years to mature & develop more complexed flavors.

The wine maker shot himself to death in the vineyard because he couldn't make a perfect wine.

拉丰庄1996年份莫索-夏姆园干白葡萄酒

Domaine des Comtes Lafon 1996
Meursault-Charmes

● 中等浓度的金黄色。

● 甜玉米、黄油、矿物质和优雅的橡木香气。

● 干型，高酸度，带有矿物质的紧实、均衡口感，有成熟的苹果、瓜果和杨桃味。颇
为雄健，余味悠长。

◆ 品尝于2010年12月3日

　　本庄于 1865 年建立，至今一直由拉丰（Lafon）家族所经营。葡萄园占地
13.8 公顷，分布于 4 个村庄，15 个产区。从 1998 年开始，就全面采用生物动
力法的种植方式。本庄采用尽可能不人工干预的方式酿酒，产量低。酒窖是全
勃艮第最低温的，培养时间也因而拖长，装瓶前不再经过澄清。

　　酿造的主要酒款包括：Meursault Les Charmes、Meursault Les Genevrieres、
Meursault Les Perrieres、Le Montrachet 和 Volnay Santenots-du-Milieu。

MEURSAULT-CHARMES
1996
Domaine des Comtes Lafon

Appearance:
Medium golden

Nose:
Sweet corn, elegant oak,
buttery, mineral

Palate:
Dry., strong acidity,
mineral, firm &
balanced, matured
yellow fruit.
masculin, long lasting.

provided by Philip.

← wine drop

APPEARANCE

M intensity

Deep ruby red

NOSE

M inte

Toast

Mulch

Soil.

moss

Provided by Philip

PALATE

Dry, M acidity, body,
licorice, ripe,
red cherry, heavily
fermented tea,
Mt, solid tannins.
Slate. tough.

Mt length, nice
finish.

Developping,
Still have a long
way to go.

杜杰克庄2001年份石头园干红葡萄酒

Domaine Dujac 2001 Clos de la Roche

- 中等浓度的深宝石红色。
- 中等强度的烘烤木桶、森林底层土壤、红茶和苔藓气味。
- 干型，中等酸度和中等酒体，甘草、成熟红樱桃、重发酵茶叶味；中等偏强结实的单宁，有页岩般的强硬口感。中长余味，舒服的收尾。处于陈年的中段，还有很好的发展实力。

◆ 品尝于2011年3月25日

　　本酒庄是于1967年由一位富裕的饼干厂"小开"雅克·塞斯（Jacques Seyesses）所建立。随着持续买进葡萄园，目前拥有15.5公顷的总面积。雅克在位时，本庄酿酒都是完全不去梗，整串葡萄在全新橡木桶中发酵。1999年由他的儿子们接管后，酿酒方式有明显转变，部分葡萄会先去梗，而且全新木桶发酵的比例也降低了。

　　本酒庄从2001年开始在部分葡萄园进行有机栽植，并且在2008年获得全部葡萄园的有机认证。

勒弗庄1995年份普里尼-蒙哈榭一级园干白葡萄酒

Domaine Leflaive 1995 Les Folatieres Puligny-Montrachet 1er Cru

- 深浓的金黄色。
- 白芦笋、罐头玉米、玉米笋，以及黄油、白脱糖气味。
- 干型，中高酸度，圆润而且成熟饱满的酒体，细致而带有菠萝味的回甘。

◆ 品尝于2010年3月5日

　　本酒庄位于Puligny-Montrachet村，历史可回溯至1717年。本庄拥有5.1公顷特级园，从1997年开始就已经改用生物动力法的种植方式。

康帝庄2002年份拉塔希特级园干红葡萄酒

Domaine de la Romanée-Conti
2002 La Tâche

- 中等浓度的石榴红色，带有一点儿沉淀。
- 中高强度的成熟红色水果香气，红茶、干燥草本植物、紫苏的气味。
- 干型，中等偏高酸度，中等酒体，中等酒精度。中等偏饱满的、具有层次感的单宁，中高集中度的红樱桃、红莓、山楂和干燥草本植物味，带点儿烟叶和辛辣味。细致、纤细，可爱而且平衡，成熟度比预期的高，带有悠长的、草本植物味的收结。

◆ 品尝于2012年11月24日

　　本庄被公认为世界顶级的酒庄之一，酒的价格也不遑多让。它发源于1232年，最早是一家修道院所拥有，1631年被阔侬布（Croonembourg）买下，并命名为Romanée，而我们今日所见的庄园，则是建立于1869年。它在数百年中几经易手，也有陆续购入的葡萄园加入，目前在Romanée-Conti、La Tâche、Richebourg、Romanée-St-Vivant、Grands Echézeaux、Echézeaux和Montrachet等特级园都拥有地块。

　　本庄不使用泵，采用重力引流的方式以避免对酒的冲击。以全新橡木桶陈酿16~20个月，以蛋清进行澄清。

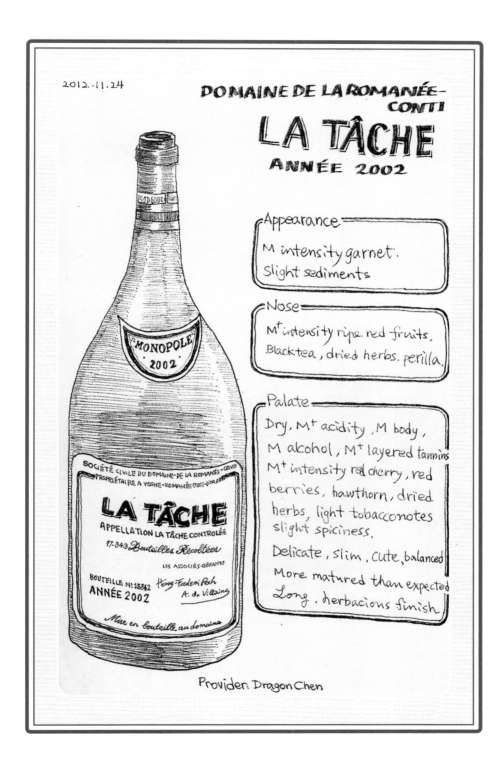

2012.11.24

DOMAINE DE LA ROMANÉE-CONTI

LA TÂCHE
ANNÉE 2002

Appearance
M intensity garnet.
Slight sediments

Nose
M$^+$ intensity ripe red fruits,
Black tea, dried herbs. perilla,

Palate
Dry, M$^+$ acidity, M body,
M alcohol, M$^+$ layered tannins
M$^+$ intensity red cherry, red
berries, hawthorn, dried
herbs, light tobacco notes
slight spiciness.
Delicate, slim, cute, balanced
More matured than expected
Long, herbacious finish

Provider: Dragon Chen

178-179

康帝庄1997年份李其堡特级园干红葡萄酒

Domaine de la Romanée-Conti 1997 Richebourg

- 中等浓度的宝石红色。
- 刚砍的木材、苔藓、松烟墨以及薄荷香气，以及当归、花苞等紧密而丰富的气味。
- 干型，中等酸度，中等强度的红樱桃味，中等酒体，细致精巧的单宁；后段呈现出更多的李子、甘草、当归和苔藓余味。比想象中更加细致。

◆ 品尝于2010年9月21日

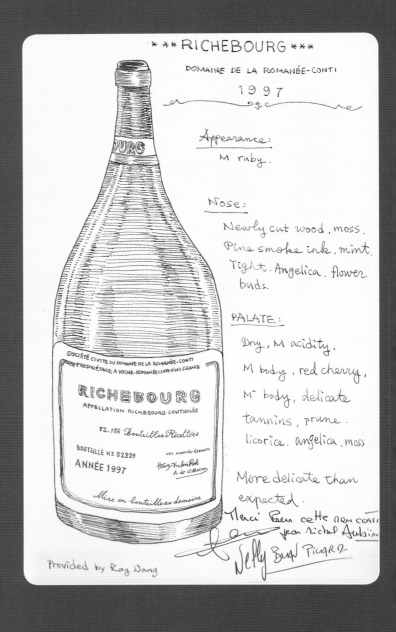

Provided by Ray Wang

费弗莱庄1985年份玛兹-香贝丹干红葡萄酒

Faiveley 1985 Mazis-Chambertin

● 中等浓度的宝石红色，带点儿石榴红以及粉状沉淀。

● 森林底层落叶、苔藓、新鲜红莓果、土壤和木材的气味。

● 干型，成熟的红樱桃、莓果味，很有活力；木味，中等酒体，轻盈的单宁，酒体柔和细致；檀木、李子余味。

◆ 品尝于2010年7月9日

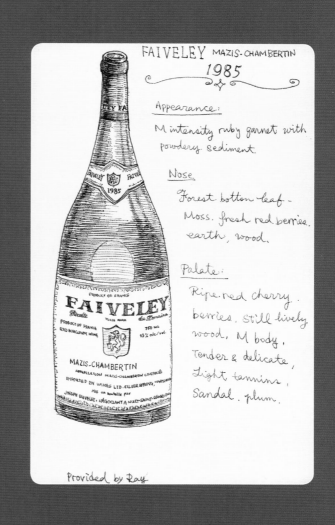

从1825年开始，费弗莱（Faiveley）家族就在夜丘、伯恩丘和夏隆内丘种植葡萄酿酒。本庄在勃艮第各处分散地拥有10公顷特级园以及25公顷的一级园，平均每块地大约一公顷。本庄使用自种的葡萄酿酒，也是知名的酒商。

约瑟夫·杜鲁安庄2007年份
蜜蜂园干红葡萄酒

Joseph Drouhin 2007 Clos des Mouches

● 中等浓度的宝石红色。

● 中等强度樱桃、红莓和新鲜李子、淡淡橡木和土壤的气味。

● 干型，中高酸度，中等偏饱满酒体，新鲜紧实的樱桃果味，架构良好，单宁细腻优雅，略带辛辣收尾。

◆ 品尝于2010年6月22日，酒庄总裁弗雷德里克·杜鲁安（Frédéric Drouhin）来访上海时现场绘制并请其签名。

　　本庄已经有130年的历史，目前已经传承到家族第四代。拥有73公顷、近90个不同法定产区的葡萄园，最多的分布于夏布利、夜丘和伯恩丘，夏隆内丘占很少数。葡萄园以特级园和一级园为主。

2010.6.22

Joseph Drouhin

THE FINESSE OF Burgundy

@ THE PULI Shanghai

AVEC

FREDERIC DROUHIN

* Baune Clos des Mouches Blanc 2007
* Corton-Charlemagne Grand Cru 2007
* Beaune Clos des Mouches Rouge 2007
* Echezeaux Grand Cru 2007
* Corton Bressandes Grand Cru 2006

Appearance: M ruby.

Nose: M intensity cherry. red berries, fresh prune, light oak & earth

Palate: Dry. M+ acidity. M+ body. cherry. fresh & firm, good structur elegant tannins. a bit spicy.

路易拉图庄2003年份科通-查理曼
特级园干白葡萄酒

Domaine Louis Latour 2003
Corton-Charlemagne Grand Cru

- 中等金黄色。
- 中等强度的玉米、苹果、菠萝、白芦笋香气。
- 干型，中等酸度，圆润略油滑口感，柔和的橡木、苹果、杨桃味，蔬菜味，成熟，中等长度的余味。整体表现比较封闭，有点儿像太过冷静或不易亲近的人。

◆ 品尝于2010年7月16日

路易拉图家族酒业在 17 世纪时创立，既是酒庄也是酒商，至今传承超过十代。目前酒庄拥有 50 公顷葡萄园，其中有 28.63 公顷是特级园，在金丘的酒庄中属于最大的。

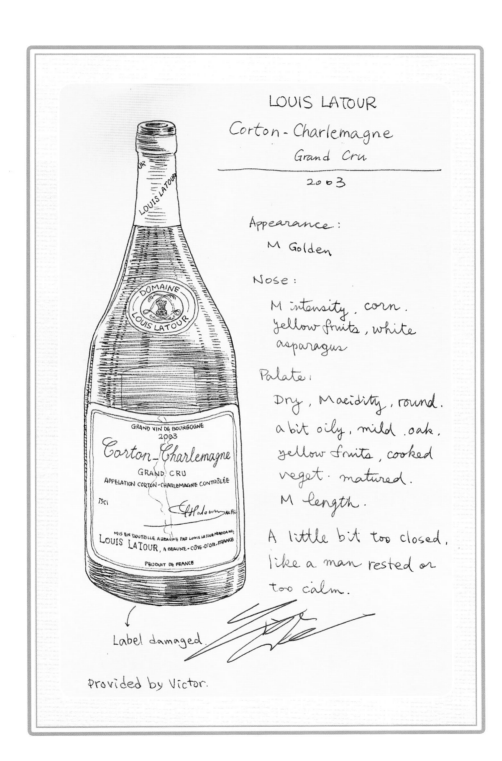

LOUIS LATOUR

Corton-Charlemagne

Grand Cru

2003

Appearance:

M Golden

Nose:

M intensity. corn.
Yellow fruits, white
asparagus

Palate:

Dry, M acidity, round.
a bit oily, mild. oak.
yellow fruits, cooked
veget. matured.
M length.

A little bit too closed,
like a man rested or
too calm.

Label damaged.

Provided by Victor.

Pierre André 庄1995年份伊瑟索特级园
干红葡萄酒

Pierre André 1995 Echézeaux Grand Cru

● 中等宝石红色。

● 苔藓、红莓、潮湿土壤的气味，略带檀木香。

● 干型，中高酸度，中等酒体；有山楂、红莓、梅子味，依然清新
有活力。细腻精巧的单宁，很有女性特质。

◆ 品尝于2010年7月9日

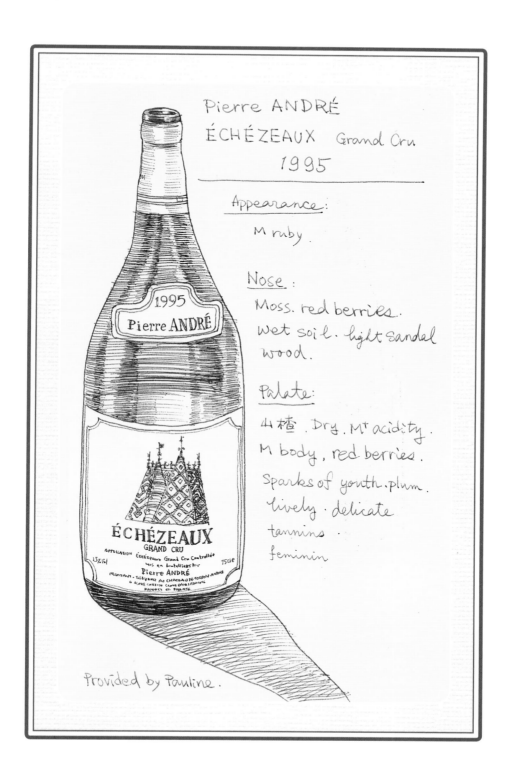

Pierre ANDRÉ

ÉCHÉZEAUX Grand Cru

1995

Appearance:

M ruby.

Nose:

Moss. red berries.
Wet soil. light sandel
wood.

Palate:

凸植. Dry. M+ acidity.
M body, red berries.
Sparks of youth. plum.
lively. delicate
tannins.
feminin

Provided by Pauline.

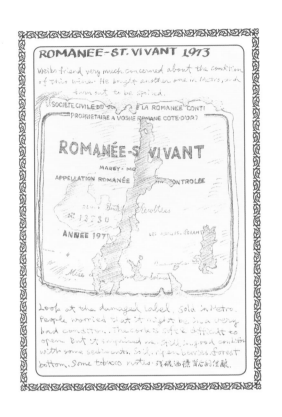

康帝庄1973年份罗曼尼-圣维望特级园干红葡萄酒

Domaine de la Romanée-Conti 1973
Romanée-St-Vivant Grand Cru

● 这瓶酒标破损严重的康帝庄的Romanée-St-Vivant，是酒友在上海的麦德龙淘来的。价钱是低于市价很多没错，但因为年份老，酒标又这么破，大家都很担心它经历过怎样的沧桑和折腾，不知道现在的状态如何，到底还能不能喝。它的木塞已经相当软而脆弱，费了好一番功夫才成功开瓶。

● 出乎意料的是，这瓶酒的状态竟然还相当良好，酒中带着点儿沉淀物。有着土壤、成熟浆果和森林底层落叶味，以及微微的烟草味。

● 喝老酒永远都是一种冒险，充满了担心与悬念。但当你惊喜地发现那来自遥远过往的神秘液体开始苏醒，缓缓为你述说那段已经消逝了的光阴故事，那种感动与满足真是文字和语言都难以形容！

◆ 品尝于2011年6月24日

turn out to be spoiled.

SOCIETE CIVILE DU DOMAINE DE LA ROMANEE CONTI

PROPRIETAIRE A VOSNE ROMANE COTE-D'OR)

ROMANÉE-St VIVANT

MAREY - MO

APPELLATION ROMANÉE CONTROLÉE

22.... Bouteilles Récoltées

Nº 13730

ANNÉE 197

LES ASSOCIES. GÉRANT

Mise

Champagne
香　槟

堡林爵香槟1988年份R. D.

Champagne Bollinger R. D. 1988

● 浓郁金黄色，丰富细腻的气泡。

● 蓝霉奶酪、面团、杨桃、成熟苹果和饼干的气味。

● 干型，中酸度，坚实成熟的杨桃、瓜果味，宜人的干燥草本香料余味，具有不错的复杂度。

● "R. D."（Recently Disgorged），表示是最近才除渣装瓶，日期会注明在背标上。新近除渣的年份香槟，通常在除渣装瓶后还会有很强的陈年潜力。

◆ 品尝于2010年7月2日

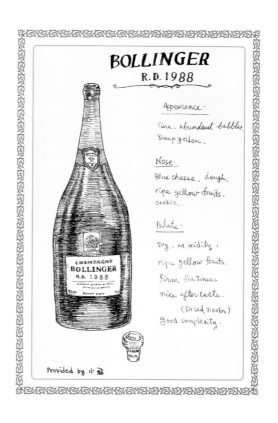

Dom Pérignon 1976

Magnum

1.5 L

Appearance:

M+ golden. long l
bubbles.

Nose:

Butter pop-corn
elegant vanil
ripe yellow f
toasty, nutt
nice oak.

Palate:

Dry. M+ ac
firm tropica
great stru
got long wa

邓玥的签名

总酿酒师 Richard Geoffroy 签名

2012.
8.
29
新 I

ET et CHANDON a EP
FONDée en 1743

Champagne
Cuvée Dom Pérignon

Vintage 1976

PRODUCE OF F

150c
L Ceieta

唐培里侬1976年份香槟1.5升装

Champagne Dom Pérignon 1976 Magnum

● Magnum装。中等偏浓金黄色，持久的气泡。

● 奶油爆玉米花、优雅的香草、成熟瓜果、杨桃的香气，以及烘烤橡木与坚果的气味。

● 干型，中高酸度，集中紧密的热带水果味，酒体架构宏大，还有继续陈年的实力。

◆ 品尝于2010年9月3日

与钢琴家郎朗、酒窖总管共饮

香槟王酒窖总管里夏尔·若弗鲁瓦
（Richard Geoffroy）在素描本上签名

岚颂金标1996年份干型香槟

Champagne Lanson Gold Label Brut 1996

- 中等柠檬黄色，中等强度的细小气泡。
- 清新鲜明的花朵、青柠、青苹果和些许菠萝、杨桃等成熟水果味。
- 优雅清新的菠萝、柑橘和杨桃等果味，整体相当均衡。

◆ 品尝于2010年7月3日

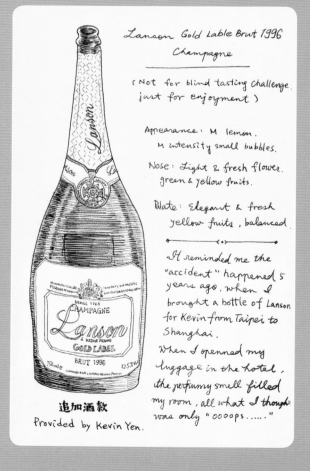

Lanson Gold Lable Brut 1996
Champagne

(Not for blind tasting challenge,
just for enjoyment)

Appearance: M lemon.
M intensity small bubbles.
Nose: Light & fresh flower.
green & yellow fruits.
Plate: Elegant & fresh
yellow fruits, balanced.

It reminded me the
"accident" happened 5
years ago, when I
brought a bottle of Lanson
for Kevin from Taipei to
Shanghai.
When I openned my
luggage in the hotel,
the perfumy smell filled
my room, all what I thought
was only "oooops......"

追加酒款
Provided by Kevin Yen.

品尝这款酒时，一段关于它的往事浮上心头。曾受这次提供这款酒的朋友凯文（Kevin）所托，从台湾带一瓶到上海，不料当抵达后打开行李箱时，一阵扑鼻的花香、果香和酒香迎面而来……当年打包酒的经验还不够，加上行李搬运工的"特别照顾"，那瓶Lanson就这么硬生生碎了，全让我的衣物给享用了！从此以后，我对托运的酒都打包得特别扎实，再也没有打碎过。

罗兰百悦1999年份干型香槟

Champagne Laurent-Pérrier Brut 1999

● 中等金黄色，珠串般优雅的气泡。

● 坚果、饼干香气，以及隐约的蘑菇气味。

● 干型，中等酸度，中等酒体。新鲜的苹果、香瓜气味，架构均衡优雅，依旧年轻，有酵母、面包等酒泥带来的风味。令人愉悦的悠长余韵。

◆ 品尝于2010年7月2日

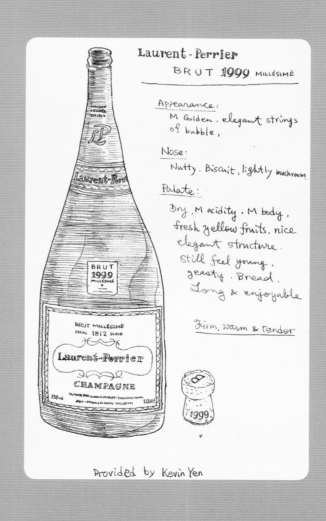

酩悦香槟

Champagne Moët & Chandon Impérial

● Möet & Chandon在2013年4月宣布首位中国代言人为影星范冰冰。这是除了全球代言人之外，酩悦香槟第一次为单一国家市场指定的代言人。这幅画我是在新闻发布晚宴和派对的当天下午大致先完成了一半，然后在晚宴时请冰冰小姐签名的。

● 不愧是全球最大的香槟品牌，酩悦在中国市场投入的宣传力度着实不小。先前还参加过几次由酩悦精心策划的活动，其中一次是在名厨大卫·拉里斯（David Laris）的指导下创作适合与香槟搭配的菜色，另一次则是在酩悦香槟酒窖总管博诺华（Benoît Gouez）的带领下品尝香槟的静态基酒，体验特别生动有趣，也很有效地传达了品牌的精神。

◆ 品尝于2013年4月11日

影星范冰冰在素描本上签名

Met Bingbing Fan in the launching party & dinner as she became the first Asian spokesperson for Moët & Chandon Champagne.

She signed on this page with a big surprising smile. ☺

巴黎之花1973年份香槟1.5升装

Champagne Pérrier-Jouët 1973 Magnum

● Magnum装。中等琥珀色，缓慢飘升如同珍珠串一般的丰沛气泡，持续性很强。

● 中等偏强的果脯、汤煮水果和果酱香气，以及核桃、酵母气味。

● 微甜，中高酸度，柔和的气泡感，熬煮桂圆味。给人的感觉宛如一位优雅的、五六十岁的、有气质有智慧的女士。

◆ 品尝于2010年4月2日

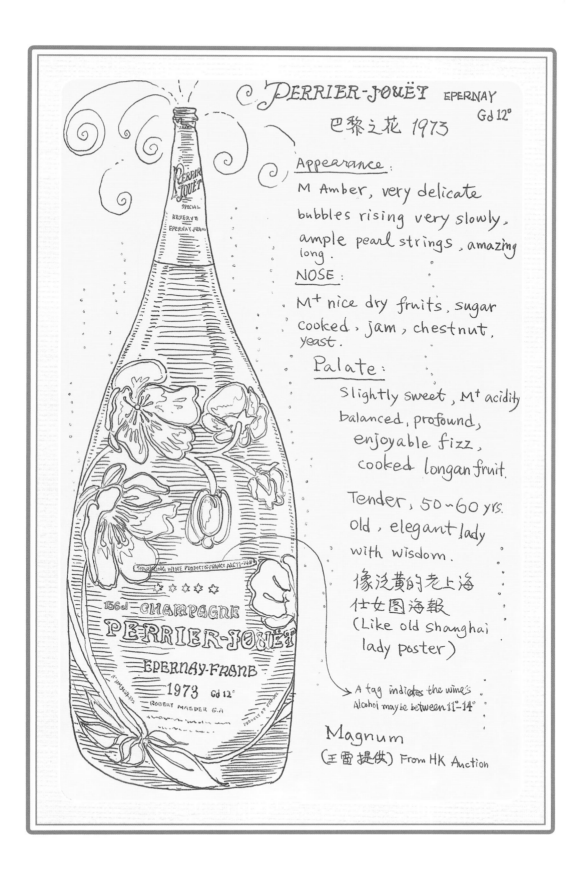

PERRIER-JOUËT EPERNAY Gd 12°

巴黎之花 1973

Appearance:

M Amber, very delicate bubbles rising very slowly, ample pearl strings, amazing long.

NOSE:

M⁺ nice dry fruits, sugar cooked, jam, chestnut, yeast.

Palate:

Slightly sweet, M⁺ acidity balanced, profound, enjoyable fizz, cooked longan fruit.

Tender, 50~60 yrs. old, elegant lady with wisdom.

像泛黄的老上海
仕女图海報
(Like old shanghai lady poster)

→ A tag indicates the wine's Alcohol may be between 11°~14°

Magnum

(王雷 提供) From HK Auction

198-199

沙龙1997年份干型香槟

Champagne Salon Le Mesnil Brut 1997

- 中等柠檬黄，充足而且持续力强的细小气泡。
- 来自酵母自溶的、如同饼干的气味，苹果、梨以及爽劲的柑橘气味和蘑菇气味。
- 干型，高酸度，集中的柑橘、青苹果、葡萄柚、杨桃和青梅味。带有柠檬皮的微刺激和收敛口感。中等如慕斯般的气泡感，清新爽口。
- 被誉为三大"白中白"之一的沙龙（Salon），适合高酸度爱好者的一款强劲型香槟。

◆ 品尝于2013年4月6日

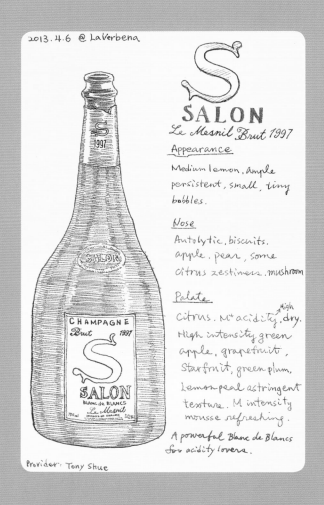

泰亭哲1997年份白中白香槟

Comtes de Champagne Taittinger Blanc de Blancs 1997

- 中等金黄色，细腻的气泡。
- 新鲜、成熟但依然强劲的水果香气，以柑橘味为主。
- 干型，中等酸度，优雅均衡的酒体，非常柔顺。

◆ 品尝于2010年8月6日

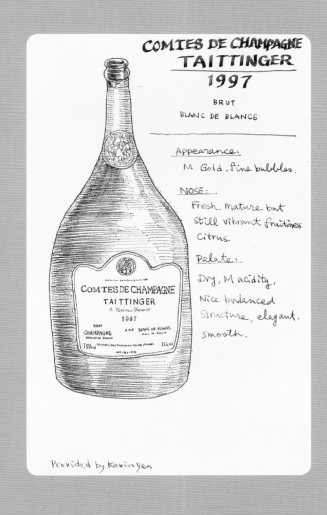

泰廷哲酒庄的香槟伯爵（Comtes de Champagne）年份香槟是该酒庄的顶级产品，在除渣后补液时，会注入在全新橡木桶中储存过的葡萄汁，使酒中能带有隐约的木香，也增加了复杂度和酒体，是香槟区的三大"白中白"（Blanc de Blancs）之一。

凯歌黄牌干型香槟

Champagne Veuve Clicquot Ponsardin Brut Base Wine

● 在中国参加过两次香槟基酒（未经二次发酵和混调的单一品种静态酒）品鉴，除了这场 Veuve Clicquot Ponsardin之外就是酪悦香槟。来自不同年份、不同葡萄品种的基酒，其实很难想象调和之后完成品的味道。不过放在一起比对下来，就能比较直观地了解每个品种各自在混调中对成品贡献了什么特质，例如黑皮诺能带来比较饱满的酒体，而霞多丽则提供了优雅细腻的花香和果香。

◆ 品尝于2009年10月

CHAMPAGNE

Veuve Clicquot Ponsard

BRUT

À REIMS-FRANCE

Champagne
Base Wine Tasting
First time in China

图·文 林殿理

Francois 以前在汽車工業界上班 後來轉換跑道去學釀酒,也是個奇葩!

到的是 幾個不同年份,不同葡萄品種,不同的香檳原酒。葡萄園 釀的原酒,像一般白葡萄酒，未經第二次發酵 沒有氣泡,就些,味道單調酒,只是酸度高 當香檳原酒些。事實上品難得,在中國的機會非常 這些已經也是第一次。從 存放了一到十四年不等的原酒中,真的 很難去聯想到完成品的味道。 · 我只能說,香檳的釀酒師們實在是了不起!

這是我在VCP官網上看到的小蜘蛛,蠻俏皮可愛的。

Chardonnay, Pinot Meunier, Pinot Noir 的原酒,就宛如氣質個性各不相同的妙齡少女,還有點嬌羞,有點青澀,但成熟後將呈現什麼樣的丰姿,令人有著無限的想像…

Denis Lin
2009.11.12

Languedoc-Roussillon
朗格多克-鲁西荣

阿兰·沙伯侬–灵鸟2004年份混合特酿干红葡萄酒

Alain Chabanon Le Merle Aux Alouettes 2004
(Pays d'Oc)

● 中高强度的明亮宝石红，带点儿紫色。

● 烟熏、雪茄盒、沙土气味和烤坚果、山楂、草本植物、开心果气味。

● 干型，中等酸度，柔和的成熟黑色莓果，李子和美式咖啡、坚果、橡木烘烤味。中等且细密均衡的单宁，优雅的黑巧克力余味。

● 来自奥克产区（Pays d'Oc）的地区餐酒，不过以品质和价位来看，可说它是"超级朗格多克"也不为过！

◆ 品尝于2010年10月9日

玫瑰园2008年份黑标红玫瑰
干红葡萄酒

Château Coupe Roses 2008
Granaxa

(Minervois)

● 浓郁的深宝石红带点儿紫色。

● 中强浓度的深色果实、李子、雪松木、雪茄等
迷人香气。

● 干型，中等酸度，集中的黑色水果、黑莓味，
细致的中等偏饱满有层次感单宁，令人愉悦的悠
长余韵。

◆ 品尝于2012年2月23日

Languedoc Roussillon

庄主在素描本上签名

CHÂTEAU
COUPE
ROSES
MINERVOIS
2008
GRANAXA
RED WINE

Appearance:
Intensed deep ruby
with purple

Nose:
M⁺ dark fruits, plum,
cedar, cigar, attractive

Palate:
Dry, M acidity, intensed
black fruits, black berry,
fine M⁺ tannins with layers.
Fairly long finish, enjoyable.

CHÂTEAU COUPE ROSES 庄主夫妇&准媳妇簽名

Côte-du-rhône
罗讷河谷

Georges Vernay Les Chaillées de L'Enfer 2007年份干白葡萄酒

Domaine Georges Vernay Les Chaillées de L'Enfer 2007

(Condrieu)

● 浅柠檬黄色。

● 石灰岩、苹果、瓜果香气，略带烟熏和黄油气味。

● 干型，圆润略有油滑口感但轻盈，有矿物质味，微咸，非常精致、平衡而且有复杂度的一款维欧尼。

◆ 品尝于2011年2月25日

吉佳乐世家1995年份罗第丘干红葡萄酒

E. Guigal 1995
(Côte Rôtie)

● 中等偏浓郁的深宝石红。

● 李子、成熟浆果、红茶、樱桃和苔藓气味。

● 鲜明、成熟的樱桃味，中等细致的单宁，甘草余味。酒体结实强壮，比预期的年轻。

◆ 品尝于2010年2月26日

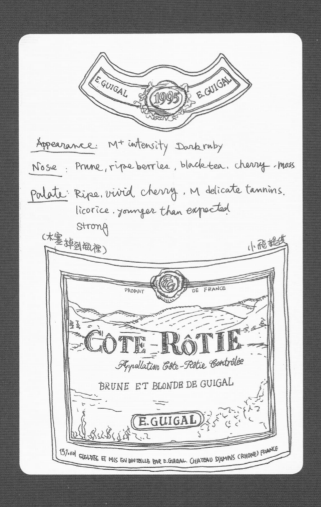

Appearance: M+ intensity Dark ruby

Nose: Prune, ripe berries, black tea, cherry, moss

Palate: Ripe, vivid cherry, M delicate tannins. licorice, younger than expected strong

(木塞掉到瓶裡)

小飛韻鑑

PRODUIT DE FRANCE

CÔTE RÔTIE

Appellation Côte-Rôtie Contrôlée

BRUNE ET BLONDE DE GUIGAL

E. GUIGAL

13%vol CUELLETE ET MIS EN BOUTEILLE PAR E. GUIGAL, CHATEAU D'AMPUIS (RHONE) FRANCE

让-吕哥伦布酒庄2006年份科尔纳斯西拉干红葡萄酒

Jean-Luc Colombo Terres Brulée Syrah 2006
(Cornas)

- 深宝石红带紫色。
- 蓝莓、苔藓、干燥草本植物、薄荷与覆盆子气味。
- 干型，中等酸度，中高等酒体和饱满单宁；草本、苔藓的中等柔和余味。

◆ 品尝于2011年4月4日

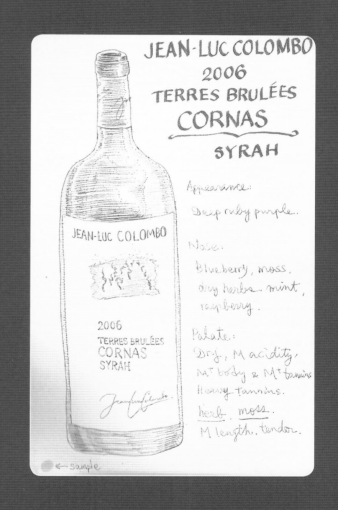

Jean-Luc Colombo是罗讷河谷知名的酒商和酒庄主，同时也是很有影响力的酿酒顾问，特别是在科尔纳斯（Cornas）产区的复兴上扮演着领导者的角色。他在当地很热衷于推广和分享诸如延长浸皮时间，以及有机种植法等概念和技术，给新一代的酿酒师们带来许多启发。

莎普蒂尔酒庄碧拉庄园2007年份干红葡萄酒

M. Chapoutier Domaine de Bila-Haut 2007 Occultum Lapidem

(Côte du Roussillon Villages Latour de France)

- 浓郁的深宝石红色。
- 烟熏味，烘焙咖啡豆气味。
- 干型，中等酒体，中高酒精度，中等偏饱满酒体和单宁；黑色水果、烘烤橡木桶味，已经到了最佳适饮期，但还可以继续陈放几年。

◆ 品尝于2010年4月21日

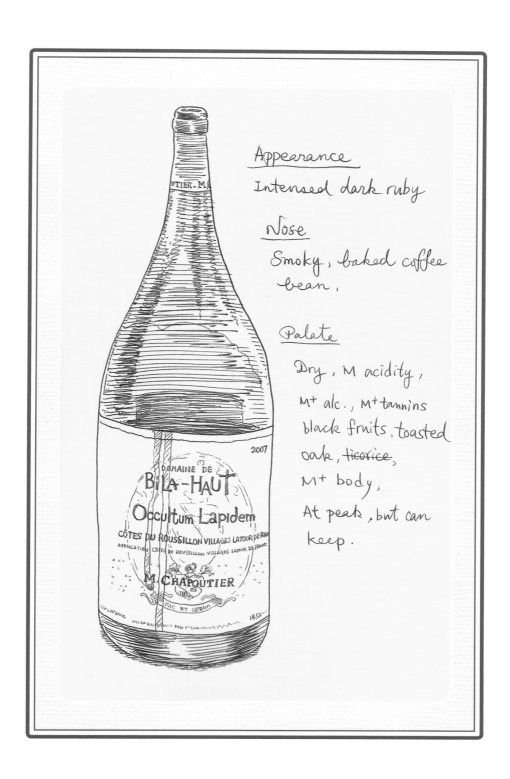

Appearance
Intensed dark ruby

Nose
Smoky, baked coffee bean.

Palate
Dry, M acidity,
M+ alc., M+ tannins
black fruits. toasted
oak, ~~licorice~~,
M+ body,
At peak, but can
keep.

莎普蒂尔酒庄1991年份
埃米塔日"亭阁"干红葡萄酒

M. Chapoutier 1991 Le Pavillon
(Ermitage)

● 深宝石红色。
● 中等偏浓郁的黑色水果、新鲜李子、红色果酱以及薄荷的气味。
● 干型，中等酸度、中等酒体以及优雅细致的单宁。宜人的成熟莓果、果酱和甘草味，很不错的复杂度。不过，提供酒的朋友对它这次的表现并不是很满意。

◆ 品尝于2010年7月2日

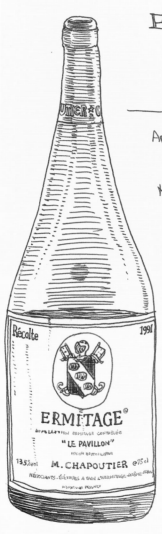

ERMITAGE

"LE PAVILLON"

Récolte 1991

M. CHAPOUTIER

Appearance:
 Deep ruby,

Nose:
 M+ black fruits, mint,
 fresh prune, red fruit jam.

Palate:
 Dry, m acidity, chinese medicine,
 wood, m body, elegant tannins
 comfortable, ripe berries. jam
 licorice, good complexity.

Provider not very satisfied of
its performance.

Provided by 王雷.

玛莎2007年份罗讷河谷干红葡萄酒

Marks & Spencer Côtes du Rhône 2007

- 深宝石红带紫色。
- 成熟的浆果、李子、草莓酱和蓝莓香气，以及一点儿白胡椒气味。
- 李子、蓝莓果味以及土壤味，中等单宁，中等酒体，轻松而易饮。

◆ 品尝于2009年11月26日

逛街或逛超市的时候，我都会自觉或不自觉地特别留意葡萄酒卖场，看看有没有什么新鲜的好货，也顺便做做市场观察。有一次在上海南京西路看到英国的玛莎百货（Marks & Spencer），好奇地进去逛了一下，发现四楼有个蛮不错的进口食品饮料卖场，陈列了不少葡萄酒。这里的葡萄酒有许多是玛莎的自有品牌（许多英国的连锁超市都身兼negociant，也就是批发商的角色，推出自有品牌葡萄酒），但也包含了罗讷河、勃艮第和托斯卡纳这些还不错的产区，重点是价位都不到100元，性价比相当好。我在面窗的咖啡厅开了图左这瓶375毫升装的罗讷河谷红酒，沐浴在落地窗透入的暖阳中，一边欣赏街上来来往往的红男绿女，甚是惬意！

CÔTES DU RHÔNE 200

Marks & Spencer

A: Deep ruby wit
purple hue

N: Ripe, strawb
prune. blue
White peppe

P: Prune, blue
Earthy. M e
Easy. enjoya
M+ body.

偶然間在上海地
南京西路站2号出

CÔTES DU RHÔNE

2007

品酒战利品素描

造访葡萄酒产区，除了享受美好的田园风光，与庄园主人、酿酒师一起品酒享美食以及愉快地交流，我还特别喜欢到当地的小店去淘一些国内见不到的小物件，例如酒刀之类的，作为旅行的纪念。每当有闲在家中小酌时，我总是不嫌麻烦地找出这些酒具来用用，只不过是简单的拔塞、醒酒的几个动作，就让人仿佛瞬间回到了那万里之外的葡萄园酒窖里。大家如果有机会到酒乡一游，不妨也搜罗一些独具特色的酒具回来，它们将为你的品酒生活带来无限的乐趣！

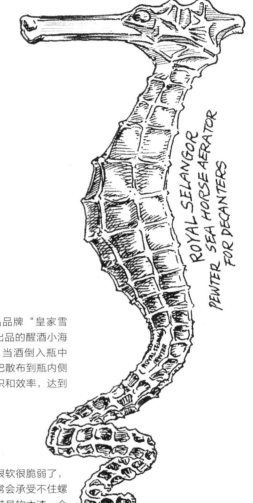

醒酒小海马

由马来西亚知名的锡蜡工艺品品牌"皇家雪兰莪"（Royal Selangor）出品的醒酒小海马。将它挂在醒酒瓶的瓶口，当酒倒入瓶中时，酒会顺着海马螺旋状的尾巴散布到瓶内侧的壁上，增加与空气接触的面积和效率，达到快速醒酒的目的。

Ah-So老酒开瓶器

老酒的酒塞通常已经被浸泡得很软很脆弱了，如果用一般的拔塞器来开，常常会承受不住螺旋钻的力道而碎裂，搞得酒中满是软木渣，令人尴尬不已。此时就需要动用这个昵称为阿瘦（Ah-So）的老酒开瓶器，将两侧铁片小心插入木塞和瓶壁之间的缝隙，慢慢推到底，再缓缓以旋转的手势往上提，将木塞给带出来。至于"Ah-So"这昵称是怎么来的呢？据说是因为曾有几名日本人不明白这玩意儿怎么使用，当侍酒师实际示范一次之后，他们才恍然大悟，连说"あ～～そう！！"（原来如此），从此之后，它就被冠上这个有趣的绰号了。

Ah-So
老酒開瓶器

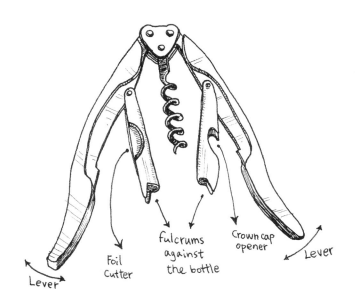

Foil Cutter

fulcrums against the bottle

Crown cap opener

Lever

Lever

双杠杆不锈钢拔塞器

一个由德国品牌Ad Hoc出品的双杠杆不锈钢拔塞器。这个品牌的酒具都设计得相当简练实用，线条硬朗，充满工业设计感。

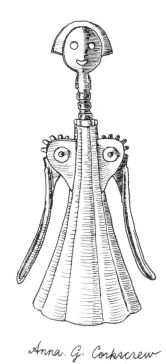

Anna. G. Corkscrew by Alessi

"安娜"开瓶器

由意大利知名家居品设计品牌Alessi所出品的开瓶器。这"位"开瓶器名叫安娜（Anna），带着微笑的她诞生于1994年，从上市到现在一直是该品牌最畅销的开瓶器。由于安娜的成功，随后还衍生出名为亚历山大（Alessardre）的男生版，以及酒塞等相关产品。

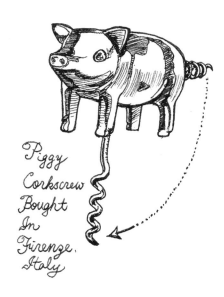

Piggy Corkscrew Bought In Firenze. Italy

小猪拔塞器

在意大利佛伦萨淘到的小猪拔塞器。镜面金属的小猪造型相当可爱，螺旋钻收起来时正好就是它卷卷的尾巴，我这个属猪的一看见就爱不释手地收下啦！

葡萄藤拔塞器

在香槟之城兰斯（Reims）的葡萄酒专卖店淘到的葡萄藤拔塞器。因为没有杠杆的设计，要开瓶还得用大腿把酒瓶夹住，使出吃奶的力气才拔得出酒塞，所以并没有实际使用过。不过由于葡萄藤把手来自自然的造型，也是独一无二的，没事把玩一下相当有感觉。

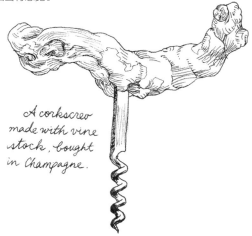

A corkscrew made with vine stock, bought in Champagne.

希腊

GREECE

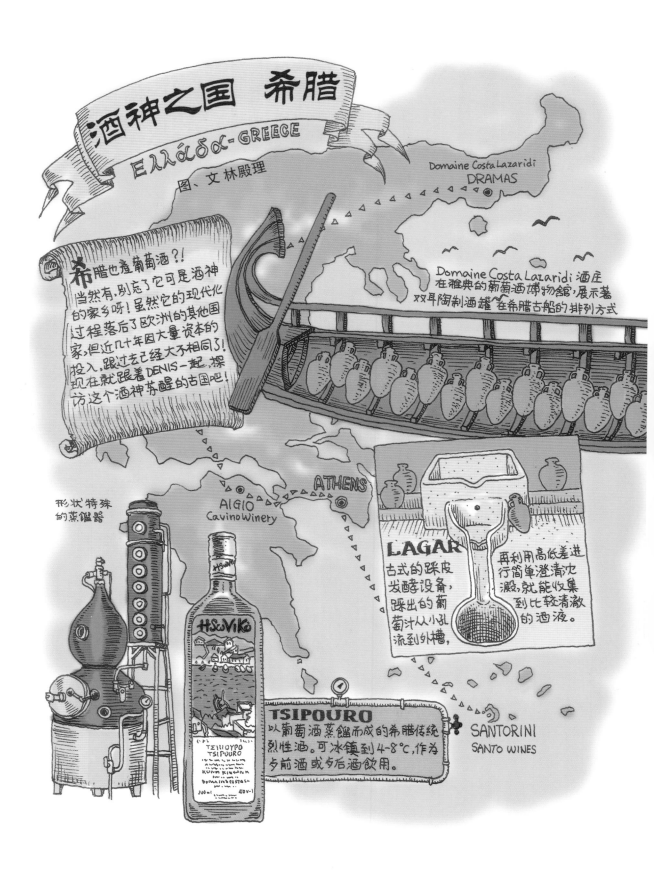

酒神之国 希腊

Ελλάδα-GREECE

图、文 林殿理

希腊也產葡萄酒?!
当然有,别忘了它可是酒神
的家乡呀!虽然它的现代化
过程落后了欧洲的其他国
家,但近几年因大量资本的
投入,跟过去已经大不相同了!
现在就跟着DENIS一起,探
访这个酒神苏醒的古国吧!

Domaine Costa Lazaridi
DRAMAS

Domaine Costa Lazaridi 酒庄
在雅典的葡萄酒博物馆,展示著
双耳陶制酒罐 在希腊古船的排列方式

ATHENS

AIGIO
Cavino Winery

形状特殊
的蒸馏器

HSoViKo

TΣΙΠΟΥΡΟ
TSIPOURO

LAGAR
古式的踩皮
发酵设备,
踩出的葡
萄汁从小孔
流到外槽,

再利用高低差进
行简单澄清沉
淀,就能收集
到比较清澈
的酒液。

TSIPOURO
以葡萄酒蒸馏而成的希腊传统
烈性酒。可冰镇到4-8℃,作为
夕前酒或夕后酒饮用。

SANTORINI
SANTO WINES

圣托里尼岛的日照强烈海风强劲，葡萄树心须如匍匐在地的爬藤一样生长，是一种其他产区见不到的特殊葡萄园景观。此地的品种以本土的ASSYRTICO为主，可酿出口感坚实饱满的高品质干白酒。

圣托里尼特有的鸟巢式整枝法，葡萄藤盘成鸟窝状，果串直接碰触沙砾质的地面。

路边常见的小神龛，每个都代表一个车祸中失去生命的人。知道后不禁感伤起来。

位于雅典奥林帕斯山的伊瑞克提翁神庙，相传是雅典娜女神与海神波塞顿争做雅典守护神的地点。

Dionysus & Denis
@ wine museum of @INOTPIA
Domaine Costa Lazaridi, Athens

Erechtheion
Ἐρέχθιον 421~406 BC.
Acropolis of Athens, Greece

2014 6.29 ATHENS

终于和酒神见面了！
我很晚才知道，Denis这名字原来是从酒神Dionysus演变来的。冥冥中自有注定呀……^^

德国

GERMANY

Balbach Fritz Hasselbach酒庄
1999年份Nierstein Oelberg雷司
令冰酒

Balbach Fritz Hasselbach
1999 Nierstein Oelberg
Riesling Eiswein
(Rheinhessen)

● 深金黄色偏琥珀色。
● 蜂蜜、汤煮水果香气。
● 甜型，中等酸度，蜂蜜、桂圆干味，酒体均
衡，复杂度佳而且甜美。

◆ 品尝于2010年2月27日

　　说起德国酒瓶酒标的设计风格，让人马
上联想起"二战"时德军的军服，线条简练
刚硬，许多酒标上还有像军徽一般的老鹰图
腾。德国的酒标还经常用繁复的边框花纹和
徽饰做点缀，有的还会额外贴上具有装饰性
的"领巾"或"披肩"。品尝上好的TBA或
BA时，描绘那种复杂的酒标可真是件苦差
事！从德国酒的标准来看，这款酒的酒标算
是特别简约的了。

Nose : Sugar cooked fruit.
honey.

Palate : Honey. 龍眼乾.
M 酸度. 均衡. 微甘.
good complexity, beautiful.

BALBACH
Fritz Hasselbach

1999
NIERSTEIN
OELBERG
RIESLING
Eiswein
QUALITÄTSWEIN MIT PRÄDIKAT
GUTSABFÜLLUNG D·55283 NIERSTEIN
375 ml RHEINHESSEN Alc 8.5%Vol

← 375 ml Alc. 8.5% Vol

提供：小飛

Deidesheimer Hohenmorgen酒庄1998年份雷司令冰酒

Deidesheimer Hohenmorgen 1998 Riesling Eiswein
（Pfalz）

● 金黄琥珀色带点儿橘色。

● 蜂蜜、橡木气味。

● 略甜，高酸度，蜂蜜、桂圆干味，酒体圆润均衡，成熟而浓缩，还有很长的生命。

◆ 品尝于2010年4月2日

伊慕酒庄2010年份精选雷司令半干白葡萄酒

Egon Müller 2010 Scharzhofberger Auslese (Mosel)

● 中等强度的浅金黄色，
以及微微的绿色反光。

● 中高强度的荷花香，以
及糖水黄桃、桂皮气味。

● 岩石般的矿物质味，饱
满而有奶油感，新鲜柠
檬、蜂蜜和核果味。

◆ 品尝于2011年9月2日

Würtz 酒庄2010年份 "我的酒"
雷司令半干白葡萄酒

Würtz Mein Wein 2010 Riesling
(Rheinhessen)

- 清澈，中等强度的柠檬黄，带点儿金黄色。
- 柔和的成熟苹果香，以及一些蜜香和花香。
- 干型，中等酸度，圆润，成熟的水果味；柔和的中等酒体，易饮，适合搭配味道从轻到中等的食物。

◆ 品尝于2011年10月8日

位于德国莱茵黑森（Rheinhessen）的寇尼斯穆勒酒庄（Königsmühle），庄主德克·沃尔兹（Dirk Würtz）虽然酿酒时有着德国式的严谨，但他的个性实际上很活泼，常有疯狂的点子。他是德国酒界里最早开始用博客做宣传的先驱之一，一系列记录酿酒过程的搞笑视频拥有为数众多的忠实粉丝。看到他的一款"盒中袋"包装的酒时，我不禁被逗乐了——上面有他全裸上阵拍的照片，还做出夸张动作搞笑追逐着几只卡通鸡，只有重点部位被巧妙地遮住。他如此牺牲色相，在德国似乎效果不错，不过碍于国情差异，在许多国家可能行不通！

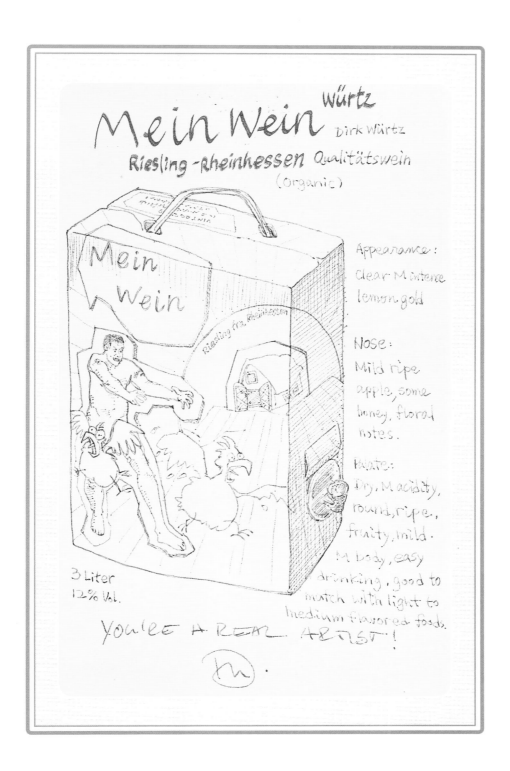

Michael Tescheke 酒庄2002年份
西万尼干白葡萄酒

Michael Tescheke Weingut 2002
Sylvaner Trocken

(Rheinhessen)

- 中等浓度的浅柠檬黄。
- 中等强度的苹果、桃子和一些白花、香草香气以及矿石气味。
- 干型，中等酸度，中等偏饱满酒体，有点儿油润感；石灰岩、页岩的味道和苹果、白桃等柔和果味，中段口感细致而紧密，中等偏长的余味。

◆ 品尝于2011年10月8日

　　位于莱茵黑森（Rheinhessen）的泰什克酒庄（Weingut Teschke），曾经从军的庄主麦克·泰什克长得很酷，绑着马尾，无论天气多冷永远都穿着露趾的拖鞋，想法也很特立独行。他相信西万尼葡萄（Sylvaner）也能酿出高等级的酒，专注研究最适合它的风土条件和种植、酿造方式。他那看似杂乱无章的西万尼葡萄园，使用的是某位业内另类前辈高人指点的整枝法，名称念起来是一长串德文，谁也没听过，在其他地方也没有用这种方法的。他的这款酒确实令我印象深刻，厚实多层次的矿物质口感，呈现出均衡而有深度的风格和陈年后带来的复杂度，令我联想起我喝过的许多夏布利特级园葡萄酒（Chablis Grand Cru），并且毫不逊色。

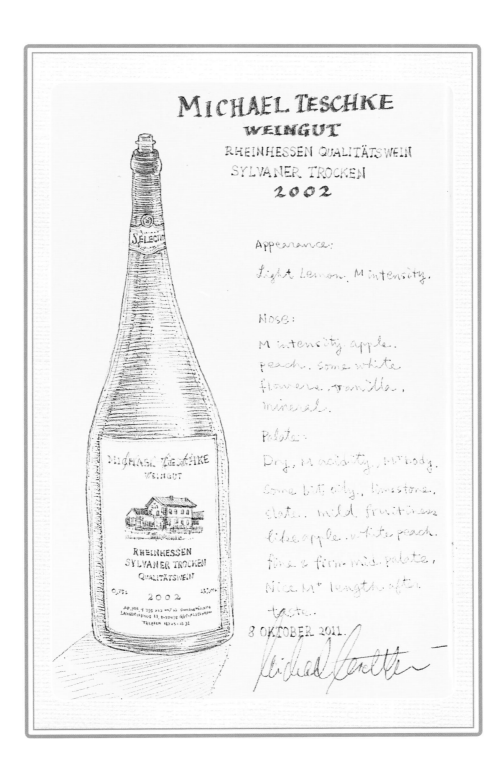

MICHAEL TESCHKE
WEINGUT
RHEINHESSEN QUALITÄTSWEIN
SYLVANER TROCKEN
2002

Appearance:

Light Lemon. M intensity.

Nose:

M intensity apple.
peach. some white
flowers. vanilla.
mineral.

Palate:
Dry, M acidity, M body.
Some bit oily, limestone.
slate. mild fruitiness
like apple. white peach.
fine a firm mid palate,
Nice M+ length after
taste.
8 OKTOBER 2011.

Winterling 酒庄2007年份*S*黑皮诺晚采干红葡萄酒

Winterling *S* 2007
Spätburgunder Spätlese Trocken
(Pfalz)

- 中等宝石红色。
- 中等偏强的李子、红色莓果香气。
- 干型，中高酸度，新鲜李子果汁、樱桃香气和橡木气味；中等单宁，果味饱满，中等偏饱满酒体，略有新世界酒的风格。
- 相当有意思的德国酒，有点儿像智利或加州的黑皮诺，只是酒体比较轻盈一些。

◆ 品尝于2010年7月2日

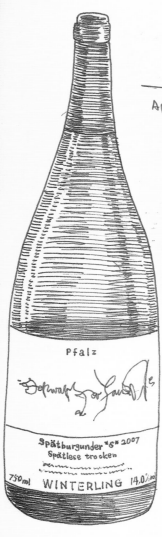

WINTERLING
Spätburgunder *S* 2007
Spätlese trocken

Appearance:

M Ruby

Nose:

M+, Prune, red berries,

Palate:

Dry, M+ acidity, Fresh prune juice, wood, cherry M tannins, very fruity, M+ body, a little new world style.

Interesting, like Chilean or California Pinot Noir. Just not as full bodied.

Pfalz

Spätburgunder *S* 2007
Spätlese trocken
750ml   WINTERLING   14.0%vol

Provided by Denis.

旅行素描

　　每次出国采访酒产区，我总会拍下几千张照片来记录旅途中的点点滴滴，作为报道和上课教材之用。将无数画面快速收入相机内存卡的同时，是感觉充实又有安全感了，不过事后看照片时却会发现有些细节是按下快门时并未留意到的，甚至有些照片还难以回想起来到底是在哪里拍的。这也有点儿像大量品酒时，奋笔疾书做品酒笔记，把每款酒的外观、香气、口感都翔实记录下来了，但事后想起对每一款酒的感觉如何，喜欢不喜欢或是有没有被感动，却因为过于快速机械化的精准分析而变得麻木模糊。

　　这让我想起一位探险家在亚马孙森林赶路的故事。他让当地脚夫日夜兼程地带着他赶了几天路之后，脚夫们忽然停了下来，给再多钱也不愿意马上再走。探险家不解，脚夫解释道："我们走太快了，得停下来让我们的灵魂跟上。"于是，我试着尽量在某些令人感动的景象前放下相机，细细地用自己的眼睛、鼻子、耳朵、触觉和心灵去感受当下；在品尝到有感觉的酒时，刻意把速度放慢去与它进行对话，感受它的细微演变。

　　正是为了慢下来感受每个美好的细节，我开始把接触到的美酒世界一笔一笔地搬到画纸上。除了手绘品酒笔记，我也把产区的景色、酒具和产区纪念品等小物件用素描笔描绘了下来。在这儿，就请大家也把心情放轻松，速度放慢，一起来分享一些我最近画的、有意思的小物件吧！

夏布利钥匙图

夏布利（Chablis）所产的霞多丽干白一向以它清新爽利，带有矿石味甚至打火石味的风格而让人念念不忘。而这种味道的来源，主要就是来自当地的远古海生物化石层土壤（Kimmeridgian）。访问这个产区时，当地的行业协会送给我一个用这种土壤固化做成的钥匙圈，上面还可看到许多小小的贝壳。将侏罗纪时代的夏布利贝壳化石带在身上，是不是也会让人时时都想喝夏布利呢？

TERROIR CHABLIS

A key ring with Chablis fossil soil --Kimmeridgian

Mr. Koala

澳大利亚考拉

到了澳大利亚，会对当地丰富的野生动物种类感到印象深刻。车子开在公路上，我的视线常会忙碌地扫过两旁的树，若是看到一个貌似灰色皮球的东西夹在高高的枝丫上，那么很有可能就是发现这个澳大利亚特有的可爱小朋友了。

Shoes disinfect Box

There is a sponge & some disinfectant liquid in it. People are requested to step on the sponge before going into a vineyard.

消毒箱

这是在澳大利亚南部逛Henschke庄的神恩山葡萄园时，进园之前用到的东西。为了避免访客的鞋子上夹带了有根瘤蚜虫的泥土，大家都得先在这箱子里浸泡了消毒水的海绵片上踩一踩才准放行。

皮卡货车

逛酒庄时常能看到庄主精心布置的艺术品或是充满怀旧感的老旧酿酒设备。这是我参观加拿大安大略湖畔产区的Ravine Vineyard Estate Winery时，看到停放在葡萄园旁的一部破旧老皮卡货车。虽然车子已经锈迹斑斑而且破损严重，但与周遭的田园景象却是那么自然地融为一体。

A Broken Car in Ravine Vineyard Estate Winery
Ontario, Canada

Denis Lin 2012·12·25

意大利

ITALY

Sicily — The wine territory

图、文：林殿理

"I'm gonna give you a wine you can't refuse!"

到教父家喝酒去！

Calabria

Palermo · Messina · Taormina · Etna · Catania · Siracusa · Noto

西西里，这个位于义意大利南部的岛屿，是个经历多元文化洗礼的地方。从西元前8世纪开始，它陆陆续续被希腊人、迦太基人、拜占庭人、阿拉伯人、诺尔曼人等不同民族统治过，之后又有西班牙、奥地利等国的占领。不同文化的撞击和融合，也体现在本地的语言、生活习惯与建筑上。

历史的因素使得西西里呈现了独特的人文风情，而自古以来它也盛产各种农产品，在很长一段时间里，它也是意大利最大的葡萄酒产区。

S. Lucia

圣露茜亚，基督教女圣人。相传被罗马士兵挖出眼珠子，但眼睛又自己长出来了。Siracusa教堂前的雕像，她捧的就是自己的眼珠子。

S. Agata

在卡塔尼亚Catania教堂看到的圣阿加莎处女圣人殉道故事。

▲如今，圣阿加莎已成为乳房的守护神，圣露茜亚则成为眼睛的守护神。

（小天使的表情也太淡定了！手上捧的可是割下的乳房啊！ =='')

西元251年，阿加莎因拒绝权贵逼婚而被施酷刑割去双乳殉教，后被封为圣人，至今仍受基督教徒怀念。

OCCHI DI S. LUCIA

当地特有甜点，"圣露茜亚之眼"（当地人口味重的！）

我拜访了几个位于岛东边的葡萄酒产区,其中印象最深刻的是还冒着烟的埃特纳火山产区

Etna Vocano

伴我进行酒庄航拍的**DJI Phantom 2**

Girolamo Russo

庄主曾是个钢琴家,在有机栽培的家族酒庄里酿造风格优雅的 Nerello Mascalese 干红

Firriato

在西西里经营六个酒庄的家族,生产很优质而多样品种的酒。

在火山下拥有逃过根瘤芽虫害的珍贵未嫁接老藤。除了优雅有陈年实力的干红,以晒干葡萄酿造的 Passito 甜白酒也极为可口。

Marchesi di San Giuliano

圣朱里安诺侯爵酒庄。

本庄的酿酒历史还不长,

拥有西西里最美庄园的,

主要种植 Nero d'Avola 和西拉、味而多。

最高等级的酒款就命名为 San Giuliano,平衡优雅,有很好的陈年潜力

Le Casematte

位于 Messina 海岸山坡上的酒庄,因葡萄园里两座二战时期留下的碉堡而得名。

MALENA

女神! 😊 Monica Bellucci

此次的西西里之行,虽说没有见到人人闻之色变的黑手党教父,但丰富的文化内涵和美食美酒已让我深深的爱上此地!

期待能再很快的重返西西里,继续感受那

西西里的美丽传说!

拉格德酒庄2009年份灰皮诺干白葡萄酒

Alois Lageder 2009 Pinot Grigio
(Sudtirol-Alto Adige)

● 浅金黄色。

● 干净的花香，以及白桃、瓜果香，略带荔枝香气。

● 干型，中等酸度，果味饱满，口感圆润；宜人易饮，很适合作为开胃酒。

◆ 品尝于2010年7月31日

2010. 7.31 @ Philip's

ALOIS LAGEDER
SUDTIROL-ALTO ADIGE
PINOT GRIGIO
2009

Appearance:
Pale golden

Nose:
Clean. flower. white
fruits. Slightly lychee.

Palate:
Dry, M acidity, fruity,
round, easy & enjoyable.
Good appertizer.

ALOIS LAGEDER
SUDTIROL-ALTO ADIGE
PINOT GRIGIO
2009

→ Metal color.
像晶园

13% vol.

Provided by Vito Lin (ASC)

242-243

Boschis Sandrone酒庄1989年份
Cannubi干红葡萄酒1.5升装

Boschis Sandrone 1989 Cannubi Magnum

(Barolo)

● Magnum装。深宝石红色。
● 李子、森林、木材气味。
● 李子、黑莓、梅子味，还有西瓜味，中高程度单宁，紧实而细腻。依
然年轻，犹如二十五六岁的青年。

◆ 品尝于2010年1月22日

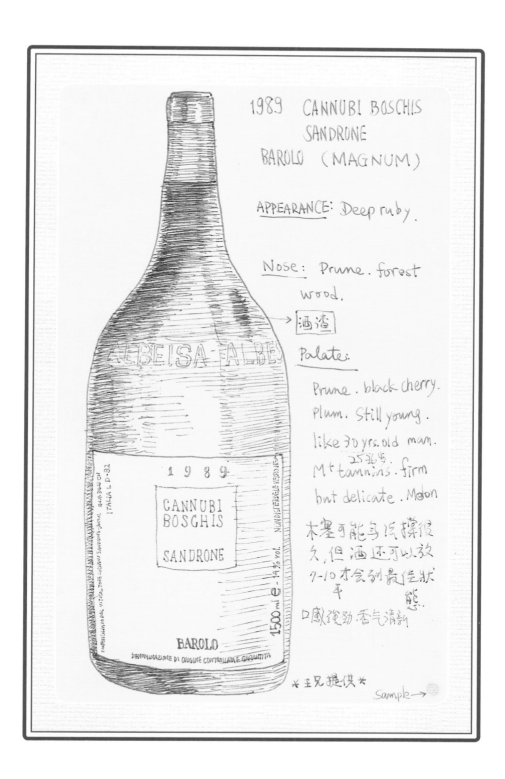

1989 CANNUBI BOSCHIS
SANDRONE
BAROLO (MAGNUM)

APPEARANCE: Deep ruby.

Nose: Prune. forest
wood.

→ 酒渣

Palate:

Prune. black cherry.
plum. Still young.
like 30 yrs. old man.
25-26岁.
Mt tannins. firm
but delicate. Melon

木塞可能与汽撑很
久. 但酒还可以放
7~10才会到最佳状
平
态.
口感强劲 香气清新

＊王兄提供＊   Sample →

碧安帝山迪酒庄1990年份"Greppo"庄园干红葡萄酒

Biondi-Santi 1990 Tenuta Greppo

(Brunello di Montalcino)

- 深宝石红色。
- 苔藓、森林底层泥土和潮湿木材的气味。
- 草本植物、山楂、蓝莓和樱桃味。中等细致的单宁，有陈年带来的复杂度，但口感还十分清新。
- "像个未满三十岁，很有个性，渴望爱的女人"（这句仅供参考）。

◆ 品尝于 2011年1月14日

边品酒边做手绘品酒笔记有没有难度？除了要小心不手忙脚乱打翻酒瓶酒杯、搞混酒款，还要控制不能喝多……不信？看看这幅画的笔触就知道了！

BIONDI-SANTI

DOCG

1990

Nose:

Moss. forest bottom. wet wood.

Palate:

Herb. hawthorn. blueberry cherry. M delicate tannins. still very fresh but feel aged

Like women under 30 yrs. with some characteristic, hoping for some love.

看筆觸就知道喝多了......

Bisol Desiderio Jeio酒庄干型气泡酒

Bisol Desiderio Jeio Brut
(Valdobbiadene Prosecco Superiore DOCG)

- 浅柠檬色，慕斯状的绵细气泡。
- 新鲜的青苹果香气。
- 干型，中等酸度，柔和而纯净的白桃、白色香瓜、苹果味。可口而易饮。

◆ 品尝于2010年10月2日

2010.9.15. EMW Bisol Media Lunch in Park Hyatt.
With Gianluca Bisol & Matteo Bisol.

Appearance:
  Light lemon. creamy mousse

Nose:
  Fresh green apple.

Palate:
  Dry. M acidity.
  Soft & clean white
  fruits, apple.
  easy to drink.

(Drank in 10.2)

DESIDERIO
JE10
BRUT
VALDOBBIADENE
PROSECCO SUPERIORE
DOCG

卡皮诺1988年份蒙特普恰诺贵族干红葡萄酒

Carpineto Vino Nobile di Montepulciano 1988

- 中高浓度深宝石红色。
- 中等浓度的成熟黑色水果、李子、黑枣香气，以及些许橡木和甘草气味。
- 干型，中等酸度，中等偏强酒体，中等偏饱满的细致单宁。李子、黑莓等黑色水果味，甘草和黑枣余味。鲜明、集中而且坚实。在成熟的最佳适饮期，大约还有再放五年的潜力。

◆ 品尝于2012年2月23日

　　和Carpineto酒庄第二代庄主 Antonio M. Zaccheo Jr. 也算是多年旧识了。记得他有次从佛罗伦萨接我到他的酒庄参观，到了中午时他提议到一家他常去的餐厅用餐。当我们开着车在乡间小路蜿蜒前行时，他指着路边的大白牛告诉我，一会儿要吃的就是这种牛的牛排。到了朴素的乡间小餐馆时，庄主跟厨师热切地嘘寒问暖一番之后，还特别告诉厨师我是美酒美食作家。厨师一听，眼睛转了一转，跑进厨房拿了一份文件出来，然后开始殷勤地为我介绍："现在我们要吃的牛排，是来自这头名字叫Giovanni的牛，这是它的身份证，上面记载了它的生日、出生地、父母名字，还有屠宰的日期时间和身高体重，另外这是它家族的族谱，记载到曾祖父母辈……"

　　这是我第一次知道盘子里的食物，还有它父母亲、爷爷奶奶的名字，虽然心里有点儿怪怪的感觉，但还是毫无犹豫地大快朵颐了一番。配上这位庄主酿的好几款上等"超级托斯卡纳"，嗯，罪恶感就放一边去吧！

2012.2.23 @ Carpineto, Montepulciano, Italy

CARPINETO
VINO NOBILE di
Montepulciano
1988

Appearance: M+ deep ruby

Nose:
M intensity ripe black fruits,
plum, prune, some oak &
licorice.

Palate:
Dry, m intensity acidity
M+ body, m+ fine tannins
plum, blueberry, bk fruits
licorice & prune finish.
Ready to drink & can keep
for 5 yrs or so.

Vibrant, intense, strong.

owner Antonio Zaccheo

修道院城堡2012年份阿尔塔斯普利米提沃干红葡萄酒

Castello Monaci 2012 ARTAS Primitivo Salento IGT

现场完成了微醺手绘，与酿酒师合照

● 清澈明亮的深宝石红色。

● 强劲的干燥草本香料、黑色莓果、黑樱桃，烟叶和烘烤咖啡豆香气。

● 入口干，带有甜美果味。集中的成熟黑莓、香辛料、烟叶味；单宁细致而带有层次感，带有多汁的果味以及悠长余味。

◆ 品尝于2015年7月8日

位于意大利国土脚跟部位的普利亚（Puglia）产区拥有较多肥沃的平原，一向以丰富的食用葡萄和酿酒葡萄种植而出名。此地的葡萄酒产量经常在跟西西里岛争第二[第一是北部的威尼托（Veneto）大区]；不过虽然产量大，但很大比例被以散装方式卖作调配、蒸馏用，或是做成用来增加甜度的浓缩葡萄汁，能装瓶并冠上法定产区等级销售的酒只是很小一部分。

"修道院城堡"（Castello Monaci）宏伟的宫殿式城堡规模跟波尔多名庄相比可说是毫不逊色。它原本是个建于16世纪的修道院，19世纪后期，因法国勃艮第的根瘤蚜虫病肆虐，法国人南下买了此地再扩建成法式的城堡，种植黑皮诺与霞多丽酿酒以应付市场需求。后来由现任庄主的祖父买下这个城堡，改种表现较佳的本土品种玛瓦西亚（Malvasia）、黑苦葡萄（Negro Amaro）、普利米提沃（Primitivo）等。本庄非常重视环保节能，宽广的酒窖建筑顶楼全铺上了太阳能集热板，早已达到了能源的自给自足。拜访这天正好有人租用城堡办婚礼，午餐就在城堡前的树荫下，而晚宴则是在城堡华丽的宴会厅里，真是派头十足！

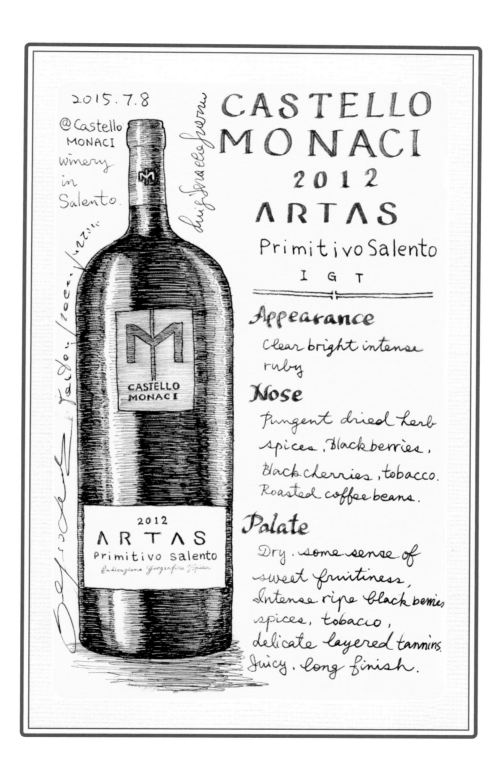

2015.7.8

@ Castello
MONACI
winery
in
Salento.

luigi Graccofronu

CASTELLO MONACI
2012
ARTAS
Primitivo Salento
I G T

Appearance
Clear bright intense
ruby

Nose
Pungent dried herb
spices, Blackberries,
Black cherries, tobacco.
Roasted coffee beans.

Palate
Dry. some sense of
sweet fruitiness,
Intense ripe black berries,
spices, tobacco,
delicate layered tannins,
Juicy. long finish.

赛拉图2004年份阿西里山丘巴巴莱斯科
干红葡萄酒

Ceretto Barbaresco Bricco Asili 2004

- 中等浓度宝石红色。
- 烘烤木材、烤坚果，以及重发酵茶叶和新车皮革的气息。
- 干型，集中的莓果味，宜人的松木、草本香料、山楂味。风格紧实但清新。中等柔和口感，很有复杂度。架构佳，单宁优雅，仍有很长的陈年潜力。

- 品尝于2010年9月21日

阿尔巴（Alba）地区的家族名庄赛拉图（Ceretto），其发家史始于20世纪60年代，布鲁诺（Brouno）和马塞洛（Marcello）兄弟加入了父亲里卡多（Riccardo）经营的酒庄。一趟勃艮第的参访之旅，让他们看到当地酒庄对于个别地块风土差异的重视，他们决定回到意大利后仿效勃艮第的做法。当时意大利传统酒庄都没有这种想法，仅仅是四处收购葡萄来酿酒，因此父亲觉得两兄弟的做法是吃力不讨好。然而两兄弟相当坚持自己的想法，开始寻找并收购好的葡萄园，并且根据不同的风土条件将地块细分，分别用最适合的方式进行种植与酿造。

目前塞拉图（Ceretto）家族拥有四个酒庄，分别是Ceretto-Monsordo Bernardina、Bricco Rocche、Bricco Asili 以 及 Vignaioli di Santo Stefano。 其 中 Bricco Rocche庄特地请国际知名的华裔建筑师贝聿铭，建造了一座斜立方体的钢构玻璃屋，站在其中可环视家族拥有的各个葡萄园，已经成为当地一个地标性的建筑物。

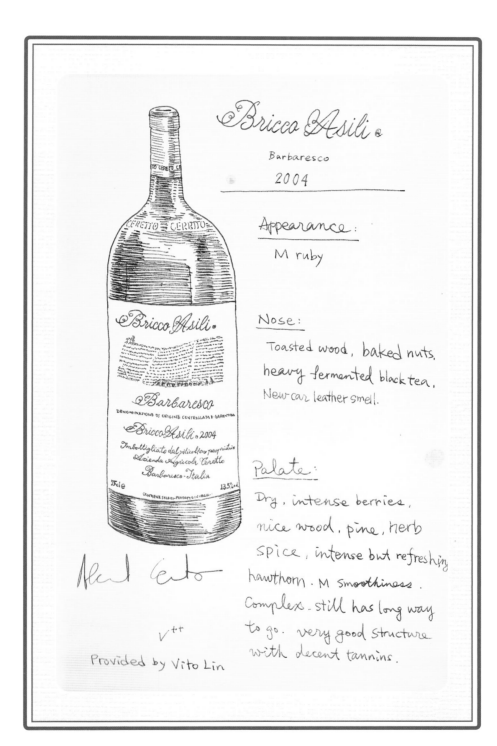

Bricco Asili

Barbaresco

2004

Appearance:

M ruby

Nose:

Toasted wood, baked nuts,
heavy fermented black tea,
New-car leather smell.

Palate:

Dry, intense berries,
nice wood, pine, herb
spice, intense but refreshing
hawthorn. M smoothiness.
Complex, still has long way
to go, very good structure
with decent tannins.

v++

Provided by Vito Lin

Cogno酒庄2004年份Elena园巴罗洛干红葡萄酒

Cogno Vigna Elena Barolo 2004

- 深宝石红带紫色。
- 黑莓以及新橡木桶气味。
- 清新的黑樱桃、西梅、甘草味，中等到饱满酒体，细腻的单宁，余味绵长，能再陈放很久。

◆ 品尝于2011年1月14日

　　本庄坐落于皮埃蒙特（Piedmont）兰给区（Langhe）Novello村一个山丘顶上，家族已经四代酿酒，但在1990年才购买了属于自己的酒庄和环绕山丘周围的11公顷葡萄园。包括这款酒在内，本庄有几款酒多次获得意大利权威的葡萄酒组织"大红虾"（Gambero Rosso）"三只酒杯"和"二只酒杯"的奖项。这款酒的酒标插画是庄主女儿小时候的涂鸦，朴拙而有童趣。如今女儿已经长大，正在就读平面设计学校，也为另一款酒Barolo Bricco Pernice设计了金鸟造型的酒标，表现手法已经大不相同，非常成熟简练了。

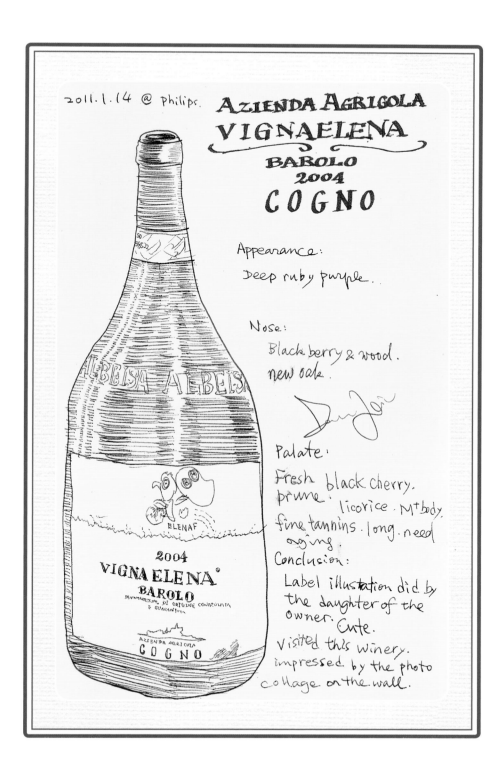

2011.1.14 @ Philips.

AZIENDA AGRIGOLA
VIGNAELENA
BAROLO
2004
COGNO

Appearance:

Deep ruby purple.

Nose:

Black berry & wood.
new oak.

Palate:

Fresh black cherry.
prune. licorice. M+ body.
fine tannins. long. need
aging.

Conclusion:

Label illustration did by
the daughter of the
owner. Cute.
Visited this winery.
impressed by the photo
collage on the wall.

庄主在素描本上签名

Cordero di Montezemolo酒庄1958年份巴罗洛干红葡萄酒

Cordero di Montezemolo 1958 Barolo

● 浅茶褐色，带有一点儿沉淀。
● 咸菜、酱油和潮湿土壤的气息。
● 西梅汁、山楂味，带点儿咸味，中等酒体，紧密的中等偏强单宁，柔和绵长的水果余味。温柔的口感中带有复杂度。

◆ 品尝于2012年5月16日，Nebbiolo Prima活动期间，正巧也是我的生日。

　　Cordero酒庄位于皮埃蒙特的La Morra村，历史可追溯到600多年前，当时的庄主是贵族Pietrino Falletti，并且由Falletti家族一直经营到1941年，家族最后一代的女爵过世为止。由于Falletti家族后继无人，酒庄便交由外孙Paolo Cordero di Montezemolo继承，目前经营酒庄的便是他的儿子Giovanni，以及孙子Alberto和孙女Elena。酒庄葡萄园的山丘顶上有一棵高大的杉树，是1856年Falletti家族举行婚礼时所种下的。直到今天，所有Cordero家的新人们都会在此举行婚礼，已经成为了家族传统。

酒庄名誉总裁在素描本上签名

花思蝶酒庄力宝山城堡1995年份
莫尔末特干红葡萄酒

Frescobaldi Castello di Nipozzano 1995 Mormoreto

● 中等强度的暗深宝石红色，带有一点沉淀物。

● 中等偏强的山楂、黑莓香气，还带有一点檀木和烟草气味，相当复杂。

● 干，中高酸度，紧密的酒体架构；有西梅、山楂、烟草和雪松木味；强劲而紧密的
单宁，带有干燥草本香料的余味。硬汉！

◆ 品尝于2012年9月11日，与酒庄名誉总裁Leonardo Frescobaldi在上海Otto e
Mezzo 意大利餐厅。

佛罗伦萨的费雷斯科巴尔迪（Frescobaldi）家族已经有700年的酿酒历
史，至今传承了30代。该家族在托斯卡纳拥有五个酒庄，分别位于：Chianti
Rufina、Montalcino、Pomino、Colli Fiorentini和Maremma Toscana等区域。Castello di
Nipozzano位于Chianti Rufina产区，"Nipozzano"相传是"没有井"的意思，可见当
地水资源的缺乏，但这恰好特别适合葡萄的种植。Mormoreto指的则是微风吹过葡
萄园时所发出的，类似喃喃细语的声音。

这款酒的酒标原本是白底的，在1999年改成黑底并加上象征阳光的金色
放射线，因此酒庄名誉总裁费雷斯科巴尔迪老先生还不忘再三叮嘱我，要把新
酒标画出来！

嘉雅酒庄2006年份Gaia & Rey 朗格霞多丽
干白葡萄酒

Gaja 2006 Gaia & Rey Langhe

- 中等浓度的柠檬黄。
- 中等集中度的新鲜热带水果香气，以及柔和的橡木气息。
- 干型，中等酸度，新鲜的菠萝味，中等酒体，中等长度的余味。

◆ 品尝于2010年4月23日，提早一天开瓶，不换瓶醒酒。

在意大利的酒庄当中，和嘉雅庄算是相当有缘分的，不但陆续造访了他们在皮埃蒙特和托斯卡纳的三个酒庄，与庄主安杰罗·嘉雅（Angelo Gaja）和庄主女儿加亚·嘉雅（Gaia Gaja）也时不时会见到面。经过几年历练，加亚·嘉雅已经从刚加入家族事业时的腼腆青涩，变成和父亲一样的能说会道，对于家族的历史和酿酒故事可以娓娓道来，引人入胜。

这款酒是以Gaia和她的祖母Rey命名，她表示种植霞多丽是为了酿造有陈年能力的干白葡萄酒（当地有名的白葡萄品种Arneis不适合陈年），以便能借此参与国际上各种霞多丽酒的比赛，以展现自家高超的酿酒技术。

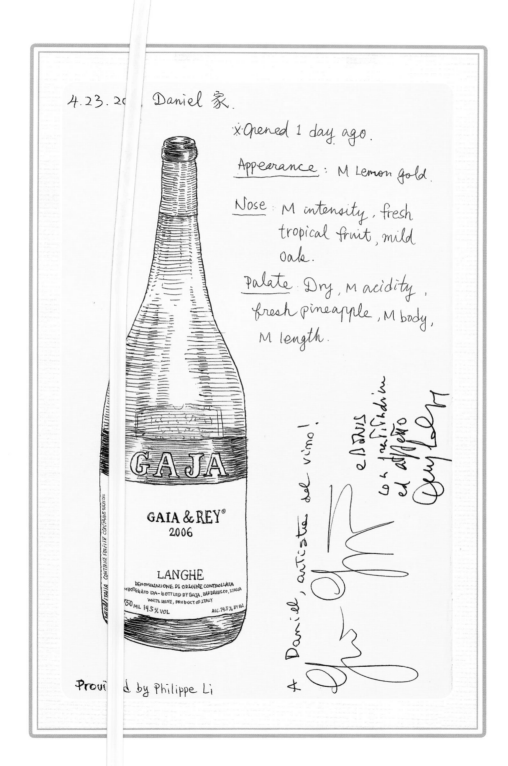

4.23.20.. Daniel 家.

x Opened 1 day ago.

Appearance : M Lemon gold.

Nose : M intensity, fresh
tropical fruit, mild
oak.

Palate. Dry, M acidity,
fresh pineapple, M body,
M length.

GAJA

GAIA & REY®
2006

LANGHE
DENOMINAZIONE DI ORIGINE CONTROLLATA
IMBOTTIGLIATO DA- BOTTLED BY GAJA, BARBARESCO, ITALIA
WHITE WINE, PRODUCT OF ITALY
750 ML 14.5% VOL   ALC. 14.5% BY VOL

ITALIA · CONTIENE SOLFITE CONTAINS SULFITES

Provided by Philippe Li

+ Daniel, artista del vino!

e savis
con ... ... in
... .

Jermann酒庄2005年份Blau & Blau干红葡萄酒

Jermann Blau & Blau 2005 Franconia

(Friuli)

● 中等暗宝石红。

● 带有森林底层泥土、烟草、肉桂、皮毛等复杂气息。

● 干型，中等酸度与中等酒体，绵密柔和的中等单宁，丰富山楂糕、烘烤坚果、陈皮的味道，余韵悠长，非常引人入胜！

◆ 品尝于2009年11月16日

我喜欢惊喜。

不久前受到酒商一个临时的邀约，我来到上海希尔顿酒店参加一场品酒会。酒商解释：通知得突然，是因为潜在大客户临时决定要品尝他们公司全部的意大利酒，才能下订单，所以才办了这场品酒会。既然横竖酒都要开，他们于是决定也邀请少数相关媒体的记者也来品尝一下。这家公司代理的意大利酒大概有 20 多款，其中不少来自名声不错的精品酒庄，虽说不是那种昂贵的一级名庄，却常有不俗的表现。而实际上，近年来意大利也常给爱酒人士带来一些惊喜。

我一路品尝着来自威尼托（Veneto）、托斯卡纳（Toscana），普利亚（Puglia）产区的酒，然后在弗留利（Friuli）前面流连了半天。我曾经造访过这个位于意大利最东北，邻接斯洛文尼亚和奥地利的产区，对此地丰富多样、风格各异的白葡萄品种印象深刻。当时，梅洛是那里少数表现得还不错的主要红葡萄品种。而此时，呈现在我眼前的是上次没品尝到的品种，来自Jermann庄园，一是Fanconia为主，与Pinot Nero的混酿，另一款是Pinot Nero和少量梅洛的混酿。Fanconia这品种在奥地利是个主要品种，在当地的名字是Blaufränkisch，而Pinot Nero就是法国的黑皮诺（Pinot Noir）。

黑皮诺这款酒呈现出的是细致优雅、清新脱俗的风格，宛如在晨雾中漫步，远方飘来沾着露珠的红色莓果香气。而以Fanconia为主的这款，就更加饱满复杂一点儿了，除了浆果味以外，还带着森林底层落叶、苔藓和潮湿泥土的清香，让人感觉像是不小心跟着爱丽斯走进了《绿野仙踪》故事里的密林里的兔子洞中！

2005

BLAU & BLAU

Jermann

FRANCONIA · BLAUFRÄNKISCH

JERMANN Blau & Blau （名爵·博兰干红）
产区: Friuli, ITALY
品种:90% Franconia (a.k.a Blaufränkisch)
      10% Pinot Nero
品嘗地點:上海希尔顿.2009.11.16
代理:Mercuris

马尔拉罗萨酒庄2006年份
Furelta干白葡萄酒

Mandrarossa 2006 Furelta
(Sicilia IGT)

● 中等金黄色。
● 成熟的瓜果、核果香气，以及布里白霉奶酪、坚果与矿石气味。
● 干型，中等酸度，中等饱满酒体，成熟的芒果、菠萝等热带水果味，以及坚果、奶酪味。风味相当复杂而有趣！

◆ 品尝于2009年11月16日

　　这款白葡萄酒是由80%的霞多丽和20%的Fiano混酿而成，并在法国橡木桶中陈酿九个月。它融合了饱满结实的霞多丽热带水果味以及Fiano常见的麝香味，对我来说简直就是液体的白霉奶酪，太特别，也太迷人了！好吧，我承认不是每个人都会喜欢这样的味道，但如果你跟我一样是个重口味的老酒虫，那么你一定也会爱上它的！

Furelta
Binanco di Sicilia
I.G.T.

2006

APPEARANCE: Medium gold.

Nose: Ripe yellow fruits.
Brie cheese.
nuts, minerals.

Palate: Dry, medium acidity
M^+ body, ripe yellow,
tropical fruit, nuty.
Cheese.
Complexed & very
interesting.

Importer: Mercuris

[I like this !]

马萨图酒庄2006年份干红葡萄酒

Masseto 2006

(Toscana IGT)

- 中等偏浓的宝石红色，带有紫色反光。
- 中等偏强的肉干、烘烤橡木桶以及烟熏气味。
- 干型，中等偏强的成熟樱桃、黑莓果酱味，带有一些烟草的辛辣味和雪松木味。饱满酒体，有层次感的粉末状单宁；融合了甘草、橡木味，酒体壮实，有明朗宏大的架构。还有很长的陈年潜力，估计还要等到2018年才会进入最佳适饮期。

◆品尝于2012年12月1日

　　这款鼎鼎大名的酒是以梅洛葡萄酿成，被誉为是托斯卡纳的柏图斯（Petrus）。葡萄园位于托斯卡纳靠海的Bolgheri村庄山坡，占地仅6.63公顷。葡萄树种植于1984年，主要是因为俄罗斯裔美国传奇酿酒师Andrè Thcelicheff发现此地的气候和地形极为适合种植梅洛，而黏土为主的土壤更使得梅洛可以展现出厚重饱满，耐陈放的特性。

MASSETO
～2006～
TOSCANA

─ Appearance ─
M⁺ intensity Ruby with
purple hue.

─ Nose ─
M⁺ intensity dried meat,
toasted oak, some smokiness.

─ Palate ─
Dry, M⁺ intensity cherry,
blackberry, jammy, ripe,
some tobacco spiciness,
cedar, Full bodied, layered
powredry tannins, licorice.
oak. strong build, structure.
Hearty, bold, bright.
Expect a long aging life.
Maybe reach peak at
around 2018.

Parovel酒庄2010年份Vinja Barde干白葡萄酒1.5升装

Parovel Vinja Barde 2010
Malvasia istriana Magnum
(Carso DOC)

- Magnum装。中等柠檬黄色。
- 柔和的桃子、香瓜等香气。
- 干型，中等酸度，中等酒体，口感圆润；带有新鲜香瓜、桃子、葡萄柚和青苹果味。有矿物质般的质地，带点儿果皮的回甘。柔和而清爽。

◆ 品尝于2013年3月16日

　　来自意大利最东北的弗留利－威尼斯－朱利亚（Friuli-Venezia-Giulia）产区，由一对兄妹 Euro 和 Elena Parovel 所经营的小酒庄。石灰岩山谷地形加上强劲的季风，让这里特别适合种植白葡萄品种，酿出的酒有种饱满圆润的体态，以及带着坚实矿物味层次感的优雅风格。

2013.3.16

Parovel
Vinja Barde
2010
Malvasia istriana
CARSO
D.O.C.
Magnum

Appearance
Medium lemon

Nose
Mild peach, melon
aroma

Palate
Dry. Medium acidity,
medium body, round,
fresh melon, peach,
grapefruit & green
apple notes, mineral
texture, with the
finish of fruit
peel.
Refreshing & tender.

Malvasia istriana

Vinja Barde

皮欧酒庄2008年份巴巴莱斯科干红葡萄酒

Pio Cesare 2008 Barbaresco

酿酒师在素描本上签名

- 中等宝石红色。
- 中等强度的新鲜红色水果味。
- 干型，中高酸度，中等偏饱满酒体，中等偏强细腻的单宁；红色莓果味，带有一些烘烤橡木桶味。优雅，丰富的水果味，带有橡木味和烟草味的悠长收尾。

◆ 品尝于2012年5月18日，与Augusto Boffa在位于阿尔巴（Alba）的酒庄里午餐。

    Pio Cesare家族酒庄成立于1881年，目前传到第五代，是当地最早关注到风土条件重要性的酒庄之一。本庄共有50公顷葡萄园，分布于阿尔巴附近几个不同的村庄。他们也与一些葡萄农签订长期的合约，以保障长期优质葡萄酒的供应，有的合作甚至长达好几代人的岁月。

2012.5.18 @ PIO CESARE, ALBA

PIO CESARE

Barbaresco
2008

Appearance
  Medium intensity ruby, clear.

Nose
  M intensity. fresh red fruits.

Palate
  Dry, M+ acidity, M+ body.
  M+ fine texture tannins,
  Red berries, some smoky,
  toasty notes.
  Elegant, ample fruitiness
  Oak & tobacco finish,
  long.

AUGUSTO BOFFA

瑞威托酒庄1964年份巴罗洛干红葡萄酒

Rivetto 1964 Barolo

- 清澈的浅茶褐色。
- 干型，中等酸度，轻酒体，有梅子汁的味道。
- 状态很好的老酒，柔和、干净，展现出让它如此长寿却仍有生命力的酸度。仍能感受到薄薄的、精致的单宁。

◆ 品尝于2012年5月16日，Nebbiolo Prima活动的垂直品鉴会。

　　本庄年轻的庄主瑞威托（Enrico Rivetto），个性开朗热情，很有冲劲儿，介绍起自己的家族历史、葡萄种植和酿酒，总是滔滔不绝。他也是个活跃的博主，透过脸书和博客，我总是能很快知道他种植和酿酒的现况。虽说家里酿酒已经有好几代，但是直到他父亲那一代还是比较传统的。目前他正在对部分葡萄园试验性地采用有机的、尽可能减少人为干预的种植方式。

2012.5.16
@ Cordero
La Morra
Vertical
tasting

Rivetto Barolo 1964

Appearance
clear, light tawny

Nose
Light wet wood nose.
Slightly plum aroma.

Palate
Dry, medium acidity,
light body, plum juice

Conclusion
Very well aged,
shows old wine character.
soft, clean, can detect
acidity which makes it
ageable. Light
delicate tannins.

圣圭多酒庄1998年份西施佳雅干红葡萄酒

Sassicaia 1998 Tenuta San Guido
DOC Bolgheri Sassicaia

- 深宝石红色。
- 有薄荷、樱桃以及烟熏、烘烤杉木的气味。随着开瓶时间久了，渐渐又出现肉干、重发酵茶叶以及烟草的味道。
- 干型，中等偏高酸度，非常成熟的黑色水果味、肉味和草本香料味、烘烤味；丝绸般细致而丰美的强劲单宁，酒体相当平衡，有很好的陈年实力。悠长的余味中带有柔和的西梅味。

◆ 品尝于2012年5月16日

　　这款酒被公认为世界百大葡萄酒之一，也是 1968 年在意大利托斯卡纳问世，当地第一个使用赤霞珠葡萄酿出而且后来被称为"超级托斯卡纳"（Super Tuscan）的顶级酒。

　　起初由于未依照规定使用当地的法定葡萄品种，所以它未能冠上比较高的法定产区分级如DOC或DOCG，仅仅挂着最低的普通餐酒（Vino da Tavola）等级。后来它在英国杂志《Decanter》的评比里击败众多波尔多列级名庄而一夕爆红，受到国际收藏家的追捧并且价格飞涨，一瓶难求。这么顶级的酒却只能挂上普通餐酒等级，意外凸显了意大利法定分级系统的僵化与不合时宜，为官方带来了许多批评与莫大的压力。到了 1994 年，意大利官方机构终于被骂得受不了了，只好为它特别设了一个法定产区——Bolgheri Sassicaia DOC，而这个法定产区里就只有这么一款酒，从此成为了传奇。

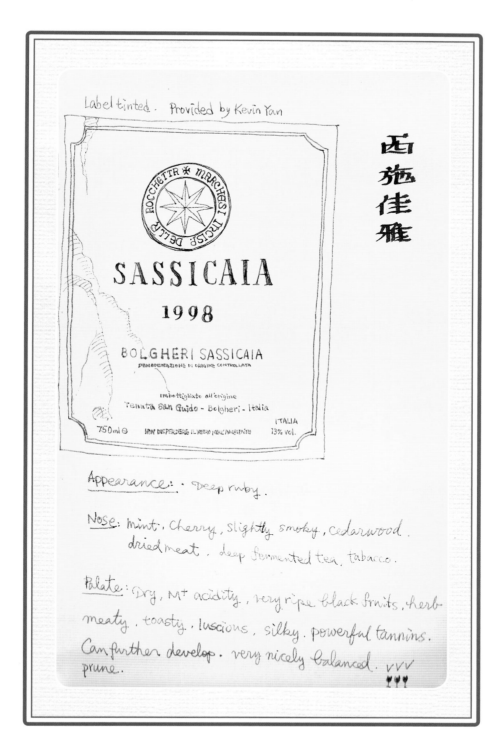

Label tinted. Provided by Kevin Yan

西施佳雅

SASSICAIA

1998

BOLGHERI SASSICAIA
DENOMINAZIONE DI ORIGINE CONTROLLATA

imbottigliato all'origine
Tenuta San Guido · Bolgheri · Italia

750 ml ℮   NON DISPERDERE IL VETRO NELL'AMBIENTE   ITALIA
13% vol.

Appearance: · Deep ruby.

Nose: mint, cherry, slightly smoky, cedarwood.
dried meat. deep fermented tea, tabacco.

Palate: Dry, M+ acidity, very ripe black fruits, herb·
meaty, toasty, luscious, silky, powerful tannins.
Can further develop, very nicely balanced. ✓✓✓
prune. 🍷🍷🍷

庄主在素描本上签名

格瑞希侯爵奇莎阿西纳瑞庄园
1982年份玛提内加巴巴莱斯科
干红葡萄酒

Tenuta Cisa Asinari Dei Marchesi Di Gresy 1982 Martinenga Barbaresco

● 中等强度的宝石红带茶褐色，有些许沉淀物。

● 森林底层潮湿土壤、红色莓果、巧克力以及干燥香菇气味，陆续还散发出西梅、山楂的香气，相当复杂。

● 干型，温和的中等偏高酸度，中等偏强酒体，厚重的单宁；柔和而一层一层地展现出红色水果、坚果、樱桃、巧克力以及甘草、香料和烟草味，非常复杂。余味悠长，让我脑海里浮现一位强硬固执老先生的形象。

◆ 品尝于2012年5月15日

　　Grésy侯爵家族从1797年就成立了酒庄Le Tenute Cisa Asinari dei Marchesi di Grésy，但直到1973年才由现任庄主Alberto di Grésy开始以自己的品牌装瓶销售。本庄目前在皮埃蒙特大区的Langhe 和Monferrato区拥有四个酒庄。Martinenga是本庄在巴巴莱斯科（Barbaresco）村庄拥有的独占园（Monopole）。

MARCHESI DI GRESY -
Az. AGRICOLA Martinenga
Barbaresco
TENUTE CISA ASINARI
DEI
MARCHESI DI GRESY
1982
MARTINENGA

Appearance: 👁
M intensity ruby - garnet
with some deposits.

Nose: 👃
Forest bottom, wet soil,
red berries, chocolate,
dried mushroom,
plum, hawthorn, quite
complexed.

Palate: 👅
Dry, mild, M⁺ acidity
M⁺ body, chunky tannins
Soft layers of red fruit
nuttiness, cherry chocolate
licorish spicy t.

TENUTE CISA ASINARI DEI MARCHSI
DI GRESY

1982
MARTINENGA®

BARBARESCO
denominazione di origine controllata e garantita
vino ottenuto con uve provenienti dai vigneti tenuti
in comune di Barbaresco
messo in bottiglia dal viticoltore

Prodotte N° 13020 bottiglie N° 980 Magnum
bottiglia N° 8400

0.750 L.   13% vol

R.I.V. 44012 GV

索得拉酒庄珍藏2004年份
布鲁内罗蒙塔奇诺干红葡萄酒

Soldera Brunello di
Montalcino Reserva 2004

- 中等浓度，清澈的石榴红色。
- 中等偏强浓度的成熟红色莓果、土壤以及甜香辛料、黑松露气味。
- 干型，中高酸度，中等酒体，中等强度的细腻单宁。中高集中度的樱桃、红莓味，以及烟草、香料和山楂余味。
- 非常优雅、传统派的Brunello，甚至有可能猜成勃艮第酒。相当柔和的口感，在杯中持续缓缓地变化着。

◆ 品尝于2012年11月24日

　　意大利托斯卡纳Brunello di Montalcino产区的Soldera酒庄，离职员工因为与老板积怨已久，潜入酒窖将本酒庄在酒桶中陈酿的2007~2012年总共六个年份的酒全部排光泄愤，造成大约600万欧元的损失，震惊葡萄酒界。我私下与当地其他比较了解事态的业内人士聊过，得知这位庄主为人处事似乎也有点儿争议性，出了这种事说实在也没让其他人太意外。不过，嫌犯拿上天赐予的葡萄美酒来泄愤，是很令人发指的，必须严厉谴责！

安东尼世家2000年份天娜干红葡萄酒

Tignanello 2000 Toscana IGT by Marchesi Antinori

- 浓郁，不透明的深宝石红色。
- 小鱼干、黑莓以及烟熏、薄荷和森林底层土壤气味。
- 干型，中高酸度，微带咸味、酱油味以及肉味，成熟的黑莓、草本植物味。正在最佳适饮期。

◆ 品尝于2010年10月15日

　　这款酒来自拥有 26 代酿酒历史的托斯卡纳名庄 Antinori。它的第一个年份是 1971 年，是当地第一个把桑娇维塞（Sangiovese）放在小型橡木桶里陈年，并且和外来品种（赤霞珠、品丽珠）混酿的酒。很幸运地，第一次品尝它就是在 Antinori 酒庄里，还远远眺望了这个葡萄园。而当时品尝的就是 2001 年份，正好庆祝它的 30 周年纪念!

TIGNANELLO

2000

Vino prodotto con uve Sangiovese e, in piccola parte, Cabernet nell'antico podere site nel cuore della Toscana, di proprietà dei Marchesi Antinori di Firenze, viticoltori dal 1385. Il terreno, in collina, è composto da roccia di "Galestro" e "Albarese" ha un'esposizione di solatìo ed un'altitudine che va dai 350 ai 400 metri sul livello del mare. Il vino è invecchiato esclusivamente in piccole botti di rovere pregiato e successivamente affinato in bottiglia.

TOSCANA
Indicazione GEOGRAFICA TIPICA

ANTINORI

TIGNANELLO

2000

Antinori

[signature]

Provided by 吴迪

A wine which, I tasted in the winery.
Like an old friend, same birth year with me.

Appearance:

Intense deep ruby.
Opaque.

Nose:

Dried small fish.
Black cherry, smoky,
mint, forest.

Palate:

Dry, M⁺ acidity.,
a bit salty, soy sauce.
meaty, ripe, black berries.
herb.
At peak.

罗马涅，桑娇维塞的另一个摇篮

　　从法国巴黎转往意大利博洛尼亚（Bologna）的飞行途中，我望着窗外一片白雪皑皑、绵延不绝的阿尔卑斯山脉，一时之间看得入了迷。飞机接近地面时，依然是一片白茫茫，原野上、房舍屋顶上也全都是厚达半米左右的积雪。后来我才知道，意大利已经将近半个世纪没有下过这么大的雪，还一度造成交通和供电的中断。

　　此行我造访的第一个葡萄酒产区是罗马涅（Romagna），位于与大名鼎鼎的托斯卡纳相接壤的东北边。这是我第二次来到这产区，虽然国内认识它的人并不多，但它其实已经有不短的历史，今年也正好是当地产区协会的50周年庆。这产区的主要城市是一个叫作法恩扎（Faenza）的小城镇，以出产陶瓷而闻名，地位如同中国的景德镇。由于年度新酒的发表会选择在该城的陶瓷博物馆举办，所以活动就被命名为"艺术之酒"（Vini Ad Arte）。这个产区不算大，有9家酿酒合作社，82家酒庄，11家装瓶厂以及4 900家葡萄种植农。

　　和托斯卡纳一样，桑娇维塞（Sangiovese）是这里主要的红葡萄品种，不过由于此产区位于亚平宁山的北面，不像托斯卡纳拥有日照充足的向阳坡，因此酿成的酒一般偏向较为轻盈细致的风格。与之互补的，是比较多样的白葡萄酒，其中最重要的是DOCG法定产区等级的罗马涅-阿尔巴纳（Romagna Albana），这里也生产用阿尔巴纳葡萄酿造的起泡酒，口感清新柔和，风格接近维内托大区的普罗赛柯（Prosecco）起泡酒。

　　在陶瓷博物馆美丽展品的环绕下，我与来自各国的酒评家们一起品尝了36款2009以及2011年份的罗马涅桑娇维塞，老实说，令我印象深刻的并不多，多半觉得酒体中等，果味单纯。隔天，我们来到一个叫作贝尔提诺罗（Bertinoro），位于山腰上的小城镇。传说此镇得名于古罗马时代，狄奥多西斯大帝（Theodisius）的女儿普拉绮蒂亚（Galla Placidia）公主在这里品尝了葡萄酒后赞叹不已，夸奖说这样的酒该用金杯喝才对，原文是Berti （喝你） in Oro （用金杯），Bertinoro因此成为镇名沿用至今。这个镇的招牌是一座中世纪城堡和标志性的拴马石柱。镇长说，本镇自古就好客，拴马柱的铁环属于当地各家族，每当有外宾造访，就可把马拴在此处，让拥有这铁环的当地家族邀请你到家里做客。直到现在，每年9月这里依然会举办"好客庆典"，外国观光客可以抽取系在拴马柱上的信封，看会被邀请到哪个当地人家去吃顿丰盛的午餐。一个拥有这么友善热情传统文化的小镇，真是让我们这些来自冷漠大都市的人们备感温馨亲切！

　　幸运的是，在这个好客的小镇里，我也真正尝到了值得用金杯喝的酒。在较老年份酒的品尝会中，几家当地最优秀的酒庄展现出了本地桑娇维塞陈年后的优雅均衡酒体以及美妙、耐人寻味的复杂度，让我在心里惊呼差点儿低估和轻忽了这个产区的水准。下面是我品尝到的酒，老年份的可能已经没得卖了，但这几个我觉得很优秀、很值得引进国内的酒庄，在此诚心推荐给进口商，希望国内消费者也能很快有机会尝到：

Fattoria Zerbina Pietramora Sangiovese di Romagna Superiore Riserva 1995
Giovanna Madonia Ombroso Sangiovese di Romagna Superiore Riserva 1997
San Patrignano avi Sangiovese di Romagna Superiore Riserva 2001
Fattoria Casetto Dei Mandorli Predappio di Predappio Riserva 2004
Drei Dona Pruno Sangiovese di Romagna Superiore Riserva 2008 (已有进口)

其他优秀酒庄：

Tre Monti
Agricola Branchini
Alessandro Morini
Conde Azienda Vitivinicola

2012.2.19 VINI AD ARTE . FAENZA, ITALIA.

THE SANGIOVESE CULTIVATI AREAS IN ROMAGNA

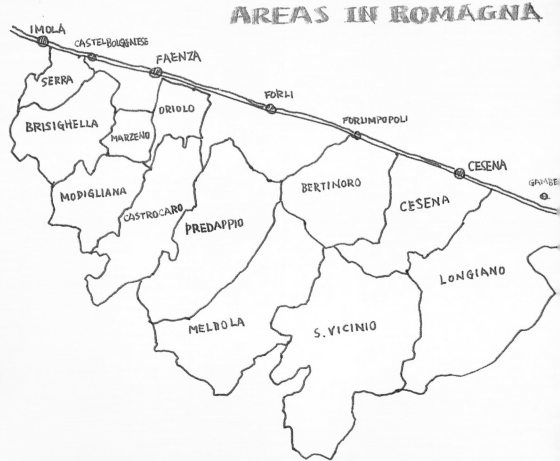

← TO BOLOGNA

IMOLA
CASTEL BOLOGNESE
FAENZA
FORLI
FORLIMPOPOLI
CESENA
GAMBE

SERRA
BRISIGHELLA
ORIOLO
MARZENO
BERTINORO
CESENA
MODIGLIANA
CASTROCARO
PREDAPPIO
LONGIANO
MELDOLA
S. VICINIO

CONSORZIO VINI DI ROMAGNA

ertinoro:

"The City of Wine"

Typical wines:

• Sangiovese di Romagna

• Albana di Romagna

• Pagadebit

Legend} Galla Placidia, daughter of
Roman Emperor Theodosius praised the
wines should be drunk from golden cups:

erti (taste you) in gold (in Oro)!

→ TO THE SEA

My favorite wines

DREI DONA PRUNO 2008
PIETRAMORA 1995
GIOVANNA MADONIA OMBROSO 1997
San Patrignano avi 2001

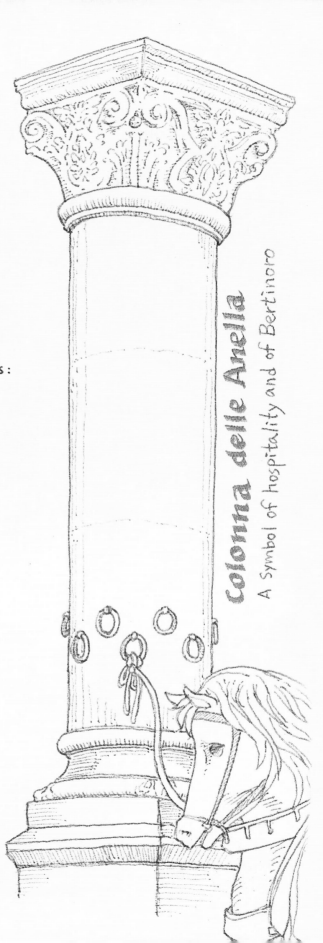

Colonna delle Anella
A Symbol of hospitality and of Bertinoro

新西兰

NEW ZEALAND

云雾之湾酒庄2008年份长相思干白葡萄酒

Cloudy Bay 2008 Sauvignon Blanc
(Marlborough)

- 浅柠檬黄色。
- 葡萄柚、矿物质以及蛋白的气味。
- 干型，高酸度，轻酒体；干净的柑橘类水果味，中等长度的余味。

◆ 品尝于2010年4月23日

　　新西兰的长相思名扬世界，始于云雾之湾酒庄的长相思葡萄酒，在 20 世纪 80 年代中期连续赢得《Decanter》大奖的肯定。现在酒庄属于 LVMH 集团所有，除了长相思，还生产霞多丽、灰皮诺、雷司令、琼瑶浆以及黑皮诺等葡萄品种所酿的酒。

Appearance : Pale lemon

Nose : Grapefruit, mineral, eggwhite

Palate :

Dry, high acidity,
light body,
clean, citrus,
M length.

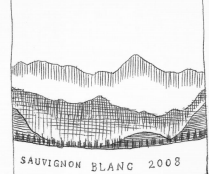

CLOUDY BAY

SAUVIGNON BLANC 2008

CLOUDY BAY
MARLBOROUGH
13.5% VOL

FREE ⓓ DUTY
HK $ 290.00

Provided by 黄晶晶 ☆

狐狸岛酒庄2008年份雷司令
干白葡萄酒

Foxes Island 2008 Riesling
(Marlborough)

- 清澈，中等偏浅的柠檬黄色。
- 带点儿肥皂的气味和柑橘类香气。
- 干型，高酸度，中等酒体；带矿物质味的口感，清新的葡萄柚味。干净、锐利、清新，爽口的收尾。

◆ 品尝于2010年2月27日

lemon yellow

Jose

oap, citron,

late

y, high acidity, M body,

neral, grapefruit.

ean, sharp, fresh.

e finish

FOXES ISLAND

MARLBOROUGH
RIESLING
2008

NEW ZEALAND WINE
750 ml   Alc. 13.0% vol.
PRODUCED & Bottled by

(Morris 提供)

庄主在素描本上签名

Marisco酒庄2011年份长相思干白葡萄酒

Marisco Vineyards Sauvignon Blanc 2011
(Waihopai Marlborough)

- 浅柠檬黄色带一点儿绿色反光。
- 清新的青草、番石榴和芦笋气味。
- 干型，中等偏高酸度，中等酒体；有矿石味、柑橘、葡萄柚、番石榴等果味，水晶一般通透澄澈的口感，收尾带点儿辛辣感。

◆ 品尝于2012年4月25日

　　本庄的庄主布伦特·马里斯（Brent Marris）是马尔堡知名领导品牌威瑟山丘酒庄（Wither Hills）的创始人，他在 2002 年将 Wither Hills 卖给了 Lion Nathan 公司。2007 年他正式脱离威瑟山丘酒庄，在 Waihopai 河畔建立本酒厂。

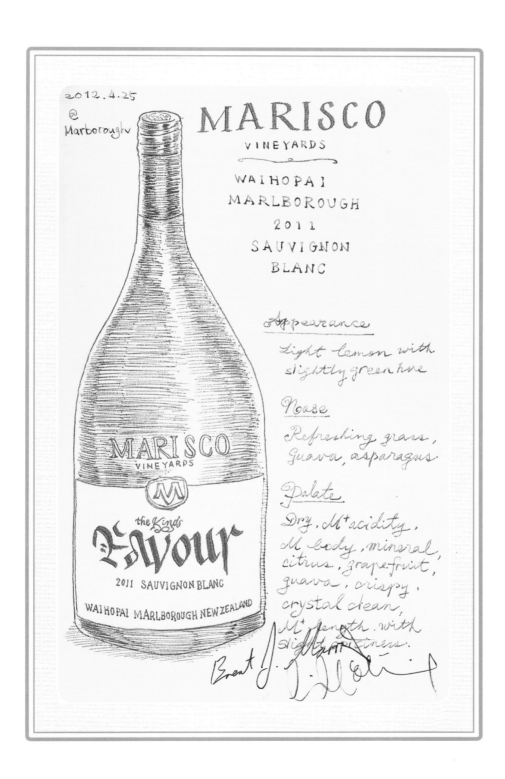

2012.4.25
@ Marborough

MARISCO
VINEYARDS

WAIHOPAI
MARLBOROUGH
2011
SAUVIGNON
BLANC

Appearance

Light lemon with
slightly green hue

Nose

Refreshing grass,
Guava, asparagus

Palate

Dry. M+ acidity.
M body, mineral,
citrus, grape-fruit,
guava, crispy,
crystal clean,
M+ length. with
slightly sweetness.

Brent J.

蚝湾酒庄2012年份干白葡萄酒

Oyster Bay Sauvignon Blanc 2012
(Marlborough)

- 中等柠檬黄。
- 干净，中等偏强鲜明有活力的柠檬、刚割过的草坪和番石榴香气，以及板岩一般的矿石气味。
- 干型，中等偏高酸度，中等酒体，中高强度的柑橘、柠檬、板岩味。口感有丰富层次，干净爽冽，中等偏长的余味。很好的开胃酒。

◆ 品尝于2013年2月1日

本庄是一家由家族经营的酒庄，位于新西兰马尔堡，也是当地比较早进驻的酒庄之一。1991年，该庄酿造的第一个年份长相思葡萄酒，获得了在伦敦主办的国际葡萄酒与烈酒大赛（International Wine & Spirit Competition）的最佳长相思大奖。在马尔堡奠定了坚实的基础之后，目前蚝湾酒庄也在北岛的霍克湾（Hawke's Bay）种植并酿造风格优雅的梅洛（Merlot）。

2013.2.1 @ Hotel d'Urville, Marlborough.

OysterBay
MARLBOROUGH
Sauvignon Blanc
2012

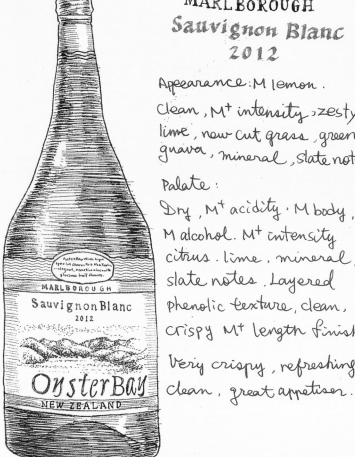

Appearance: M lemon.
Clean, M+ intensity, zesty
lime, new cut grass, green
guava, mineral, slate notes.

Palate:
Dry, M+ acidity. M body,
M alcohol. M+ intensity
citrus. lime, mineral,
slate notes. Layered
phenolic texture, clean,
crispy M+ length finish.

Very crispy, refreshing,
clean, great appetiser.

MICHAEL IVICEVICH

舒伯特酒庄2010年份B地块黑皮诺干红葡萄酒

Schubert Block B 2010 Pinot Noir
(Wairarapa，Matinborough)

庄主在素描本上签名

● 明亮的中等强度宝石红色。

● 中等强度黑色水果、莓果、李子、覆盆子香气，微微的蔬菜气味。

● 干型，中高酸度，中等酒体，细致的中等单宁；蓝莓味，一点儿带咸的矿物味，均衡而清爽。相信再经过三到五年的陈放会更佳。

◆品尝于2012年4月24日

　　本庄由卡伊·舒伯特（Kai Schubert）和马里恩·戴姆林（Marion Deimling）于1998年在马丁堡所创立，酒庄就是很简单朴素的一栋木造平房，让人很有亲切感，在那儿品酒真的就像在邻居家的厨房里一样。两人都是在德国的Geisenheim大学念酿酒专业，也在知名的Dr. Loosen酒庄工作过。当他们决定建立自己的酒庄时，找遍了各个适合种植黑皮诺的产区，包括美国俄勒冈州、加州，澳大利亚以及欧洲部分产区，但最后看上了新西兰的马丁堡。他们在此地买了两块地，采用低产量、高品质的欧洲传统高端酒种植与酿造工艺。

　　Schubert Wines的酒目前已经出口到34个国家，而最近一个令他们非常自豪的成就是，Schubert Block B 2011年份黑皮诺酒被世界最有影响力的酒评人罗伯特·帕克（Robert Parker）评了94分，在全新西兰仅有两款黑皮诺曾获得如此的高分！

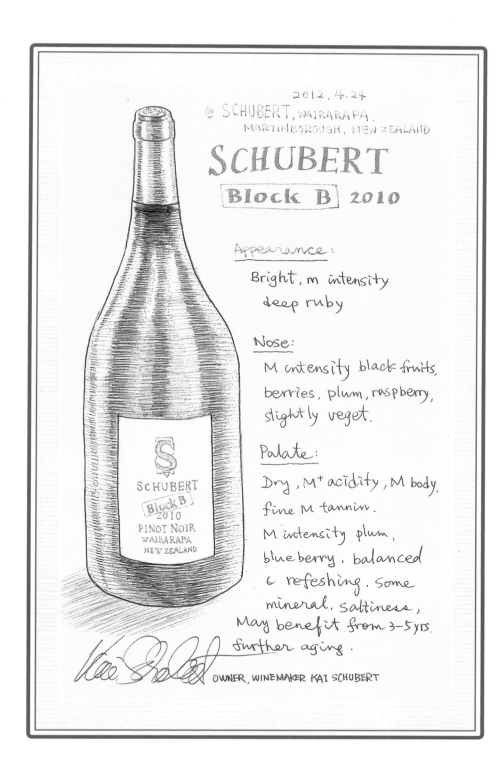

2012.4.24
@ SCHUBERT, WAIRARAPA,
MARTINBOROUGH, NEW ZEALAND

SCHUBERT
Block B 2010

Appearance:

Bright, m intensity
deep ruby

Nose:

M intensity black fruits,
berries, plum, raspberry,
slightly veget.

Palate:

Dry, M+ acidity, M body,
fine M tannin.
M intensity plum,
blueberry. balanced
& refeshing. some
mineral. saltiness,
May benefit from 3-5yrs.
further aging.

OWNER, WINEMAKER KAI SCHUBERT

X酒庄2009年份长相思干白葡萄酒

The Crossings 2009 Sauvignon Blanc
(Awatere Valley, Matinborough)

- 浅柠檬黄色。
- 番石榴和柑橘类香气。
- 干型，中等酸度，中等酒体，有青草、番石榴、青苹果味和柑橘类水果味，干净而清新。温度提高后酒体更有架构感。

◆ 品尝于2010年10月2日

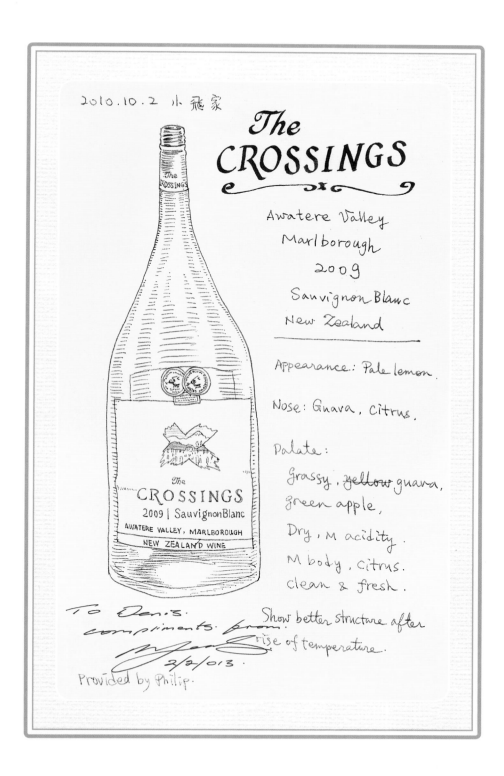

2010.10.2 小飛象

The CROSSINGS

Awatere Valley
Marlborough
2009
Sauvignon Blanc
New Zealand

Appearance: Pale lemon.

Nose: Guava, citrus.

Palate:
Grassy, ~~yellow~~ guava,
green apple,
Dry, M acidity.
M body, citrus.
clean & fresh.

Show better structure after
rise of temperature.

To Denis.
compliments from.
2/2/013.

Provided by Philip.

正能量满溢——新西兰葡萄酒

2013年初，农历新年前的两周，正当帝都和魔都双双被雾霾窒息之际，我恰巧幸运地跳上了飞往新西兰的飞机。抵达新西兰，机场迎面而来各种"指环王"中土场景布置和巨型人物塑像，让人顷刻间仿佛踏入了一块充满魔法的神奇天地。

这次来到新西兰，最首要的任务是和几位国内知名的葡萄酒培训讲师一起接受由新西兰政府和葡萄酒行业协会共同组织的新西兰葡萄酒讲师培训，在葡萄酒大师鲍勃·坎贝尔（Bob Campbell）的指导下更深入了解新西兰各产区以及当地所产葡萄酒的特色。在风光明媚的新西兰，我们哪也没去，就关在霍克湾（Hawke's Bay）的Mission Estate酒庄的会议室里上课、品酒整整三天时间，课后接着是与当地多家酒庄的"非诚勿扰"式见面品酒交流。最终我们共有六位讲师不负众望通过考试，成为首批新西兰官方正式授权的国际讲师。

最辛苦的部分告一段落，我们来到惠灵顿。恰逢三年一度的新西兰世界黑皮诺大会在这个悠闲宜人的滨海都市盛大展开——连续四天的活动，七八百位来自世界各地的葡萄酒界专业人士们聚集一堂，光是拥有MW（Master of Wine，葡萄酒大师）头衔的就至少有十几位。不过这次让我最兴奋的不是见到这么多的MW，而是见到了约翰·哈蒙德博士。这位博士乃何许人也？原来他就是我们小时候在电影《侏罗纪公园》里看到的那位博士！他的饰演者、名演员萨姆·尼尔（Sam Neil）怎会没在拍电影，而跑来参加葡萄酒界的活动呢？原来，他在专业演员之外还有一个身份，就是新西兰中奥塔哥（Central Otago）产区Two Paddocks酒庄的庄主。他后来告诉我说，只要不忙拍戏时他就会回到酒庄酿酒，大约一年有三个月时间在酒庄。他演讲时配的视频也相当有好莱坞特色——一张桌上摆放着各式各样的葡萄品种，他逐一介绍，各种批评之后就扔给旁边他养的两头宠物猪大嚼（其中一只叫作巩俐……他的宠物都是以明星命名），只有剩下黑皮诺的时候，他才珍惜地捧起来，说："这才是我的最爱！"看到这里，全场哄堂大笑，气氛极其热烈。

在分成三大区块的黑皮诺品酒场地中，我还不时见到一个很特别的人，亚洲面孔的他牵着导盲犬，很认真地一摊接着一摊试酒，庄主们也都很热情地跟他打招呼。原来，他就是全世界唯一的一位非常有传奇性的盲人酿酒师林崇宾（C. P. Lin）。原籍中国台湾的他，小时候就因病失去了视力，后来在机缘巧合下，他发现自己对于葡萄酒的味道感觉非常敏锐，有酿酒师觉得他是可造之才，便带他入行，逐渐将他培养成了酿酒师。他在新西兰Mountford Estate酒庄担任了16年酿酒师，最近刚离开这家酒庄。我尝了他酿的2009 The Rise单一葡萄园黑皮诺，果味清新、口感丰富而且优雅细致，单宁如丝缎一般，风味复杂而均衡，令我十分惊艳！这让我联想到电影《听风者》里的梁朝伟，只不过他特别敏锐的感受是展现在味觉和嗅觉上了！

品酒会场旁就是海边码头，那里设了一个两三层楼高的跳水台，有太阳的时候总有不少大人小孩排队爬上去一跃而下。虽然看别人跳觉得很过瘾，但实际站到那个高度往下看还是蛮令人腿软的。所以每当有看起来弱不禁风的小孩子在高台上犹豫不决、天人交战时，围观的人们都会安静下来，屏气凝神地等候孩子战胜内心恐惧，勇敢跳下，之后才爆发出热烈的喝彩和掌声。我在那站着，蓝天与艳阳底下，清凉的海风与浪声之中，感受着自然与人类之间丰沛的能量流动，久久不忍离开。新西兰的葡萄酒业就像那幼小但勇敢的孩子，在大家的鼓励和期许中不断勇敢迈进，才能在短短数十年的时间内创出令世人惊叹的成绩。

读者诸君，如果觉得久居城市的繁忙生活让你觉得自己已经能量耗尽，那么我会推荐你休个假，到新西兰去补充一下正能量。如果现实条件不许可，那么来瓶新西兰葡萄酒也会是不错的选择！

葡萄牙

PORTUGAL

Quinta Da Lagoalva酒庄2006年份干红葡萄酒

Quinta Da Lagoalva 2006
(Tejo)

● 不透明的深宝石红色。
● 丰富的烟草、咖啡、土壤和成熟黑色莓果味。
● 干型，中等酸度，中等偏高的酒精感，中等偏饱满酒体，中等单宁。中等强度的红色莓果、樱桃和矿物质、橡木味，中等长度的余味。
● 已经在最佳适饮期，宜尽早饮用完毕。

◆ 品尝于2009年10月25日

葡萄牙酒.

Appearence:

Clear. Opaque Ruby.

Nose:

Clean, Intensity: Pronounced
Tabacco, coffee, soil,
ripe black berries.

Palate:

Dry. Acidity: M; Alc: M+
Body: M+, Tannins: M,
Intensity: M.
Red berries, cherry.
Mineral. Oak, Length: M

Conclusion:

Quality: good.
Price: Medium-High.
At peak, drink soon.

就红果. 中等酒体.

酒庄庄主

Javali酒庄2007年份老藤干红葡萄酒

Quinta Do Javali Tinto Old Vines 2007

(Douro)

● 复杂的森林底层土壤气味，以及微微酱香。

● 干型，中高酸度，微咸有酱味，中高酒体，乌梅、甘草味，层次丰富的丝绒般单宁；干燥草本香料、山楂片等复杂、悠长，带辛辣感余味。

● 葡萄藤年龄约40~60年，酒体如勃艮第般优雅，知名西班牙酒评家Peñin给了97分的高分！

◆ 品尝于2013年12月5日

Quinta do Javali 的庄主 António Mendes 是个充满激情的天才型酿酒师，酒窖里有着不少实验性质的酿酒设备，他总在尝试着各种不同的发酵浸皮和木桶培养方式。本庄有二十亩梯田分布于海拔 150 米到 300 米之间，主要种的是 Tinta Roriz, Touriga Franca, Tinto Cão, Tinta Barroca 和 Touriga Nacional 等葡萄牙当地品种。他酿造的干红，多半拥有鲜明丰富的黑色浆果味，单宁如丝绒般绵密细腻充满层次感。本庄酿的波特酒更是一绝，晚装瓶年份波特(LBV)风味不输大厂更高档次的年份波特(Vintage Port)，而陈年茶色波特(Tawny Port with indication of age)更是甜美细腻且有着复杂的坚果、果脯、太妃糖和各种干燥草本香料的香味，非常迷人。

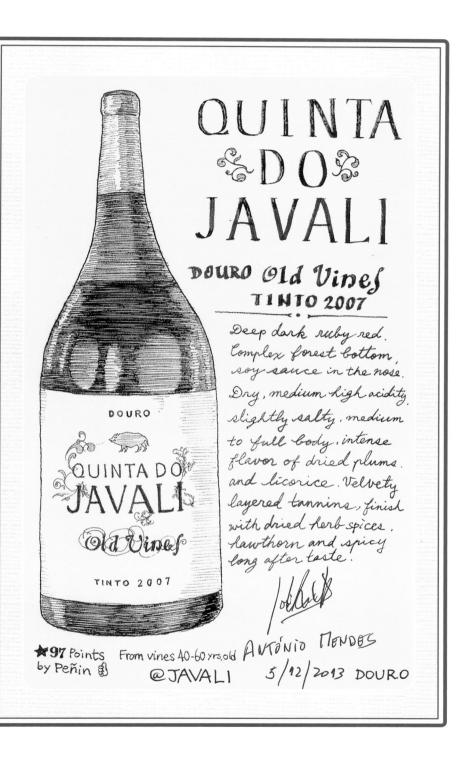

QUINTA DO JAVALI

DOURO Old Vines
TINTO 2007

Deep dark ruby red.
Complex forest bottom,
soy sauce in the nose.
Dry, medium high acidity,
slightly salty, medium
to full body, intense
flavor of dried plums
and licorice. Velvety
layered tannins, finish
with dried herb spices,
hawthorn and spicy
long after taste.

António Mendes
5/12/2013 DOURO

★97 Points
by Peñin

From vines 40-60 yrs old
@JAVALI

Carmim酒庄2006年份 Régia Colheita
干白葡萄酒

Carmim Régia Colheita 2006
(Alentejo DOC Reguengos Reserva)

● 干型，中等强度的成熟核果、苹果和菠萝味；中等偏饱满酒体，煮过的水果、橡木和香瓜味回甘。浓郁、温柔而均衡。

◆品尝于2010年2月27日

去年葡萄牙莊主帶来上海的，国内还未有代理。

Appearance: M+ intensity golden

Nose: Mineral, starfruit, M intensity, oak,

Régia Colheita
ALENTEJO —— 产区
D.O.C. REGUENGOS RESERVA 2006 —— 年份
VINHO BRANCO WHITE WINE
Alc. 13%

CARMIM
Product of Portugal

URL: www.carmim.online.pt

Palate: Dry, M intensity, ripe yellow fruit,
M+ body, cooked fruit, wood, melon,
回甘.

濃郁. 溫柔. 均衡.

(提供:Denis)

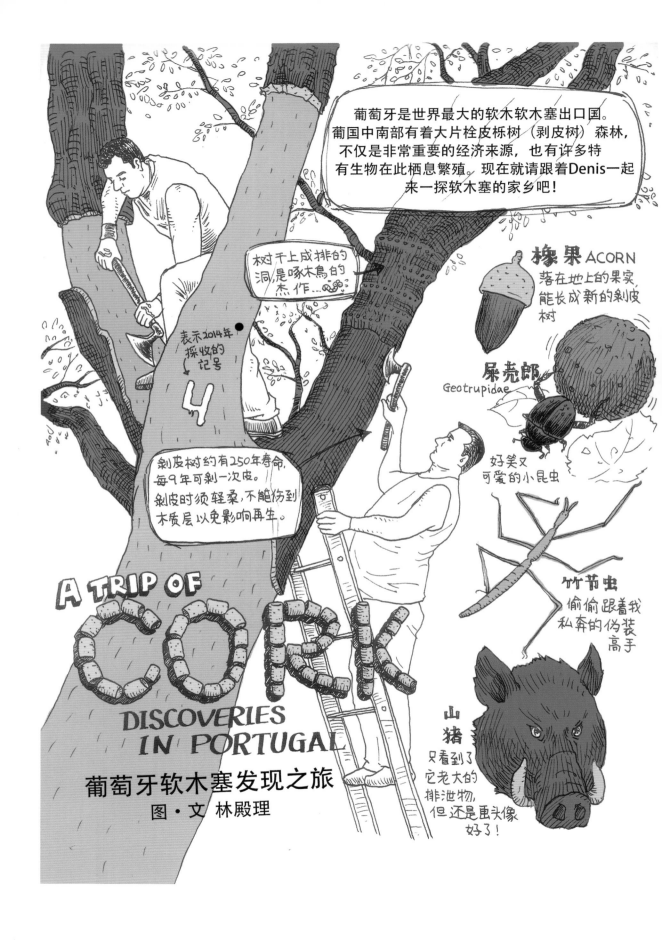

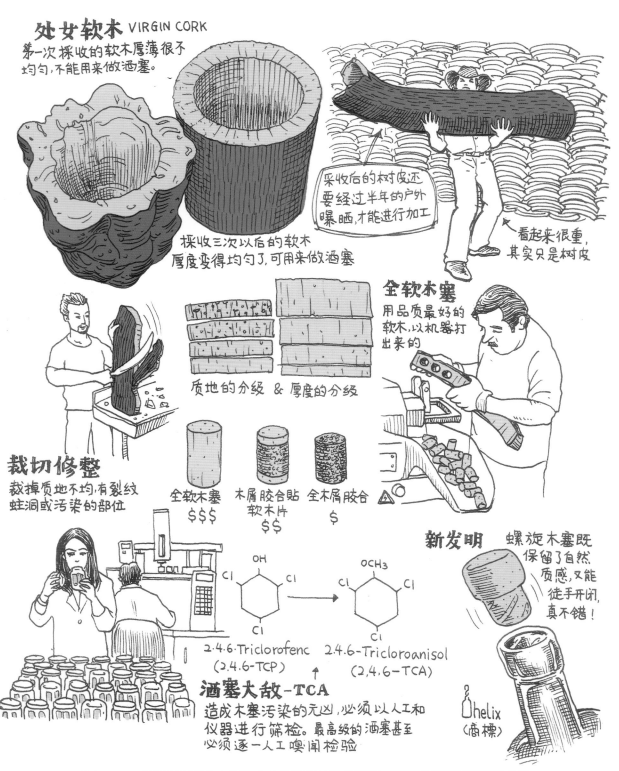

处女软木 VIRGIN CORK

第一次採收的软木厚薄很不均匀,不能用来做酒塞。

採收三次以后的软木厚度变得均匀了,可用来做酒塞

采收后的树皮还要经过半年的户外曝晒,才能进行加工

看起来很重,其实只是树皮

全软木塞

用品质最好的软木,以机器打出来的

质地的分级 & 厚度的分级

裁切修整

裁掉质地不均,有裂纹蛀洞或污染的部位

全软木塞
$$$

木屑胶合贴软木片
$$

全木屑胶合
$

2.4.6-Triclorofenc
(2.4.6-TCP)

2.4.6-Tricloroanisol
(2,4,6-TCA)

酒塞大敌-TCA

造成木塞污染的元凶,必须以人工和仪器进行筛检。最高级的酒塞甚至必须逐一人工嗅闻检验

新发明

螺旋木塞既保留了自然质感,又能徒手开闭,真不错!

helix
(商標)

此行 Denis 还见到了研发中即将上市的高科技功能酒塞, 可惜现在还不能对外公开。
就请大家关注近期有关酒塞的新闻吧!

南非

SOUTH AFRICA

W. O. Bottelary酒庄2004年份Groenland
干红葡萄酒

W. O. Bottelary Groenland 2004
Antoinette Marié

(Stellenbosch)

- 深宝石红色。
- 红色花朵、成熟的李子香气。
- 干型，中等偏高酸度，李子、黑樱桃等集中果味；年轻、清新而平衡，甘草余味。

◆ 品尝于2009年12月27日

GROENLAND

—WINE OF ORIGIN—
STELLENBOSCH

oesjaar 2004 vintage

ANTOINETTE MARIÉ

SOUTH AFRICA

南非精品酒庄. W.O. BOTTELARY. STELLENBOSCH   14% Alc.

Appearance: Deep ruby.

Nose: red flower. ripe prune.

Palate: Dry, M+ acidity.

Plum, dark cherry.

fruity. intense. berries.

young. fresh.

Balanced. liquorice.

进口:上海协伦

经销:上海新空气

西班牙

SPAIN

里奥哈,西班牙第一个DOCa法定产区,也是最负盛名的顶级产区。它的历史悠久,保留许多传统的葡萄种植与酿酒工艺,但另一方面又对新的技术 兼容并蓄,摩登与传统的 对比,形成了巨大的反差,也使得里奥哈的美酒与景观充 满了无限的魅力!这回,就让我们一起来欣赏几个独树一帜的里奥哈酒庄建筑吧!

FRANCE

RIOJA

PORTUGAL

SPAIN

Rioja Alavesa

HARO

LAGUARDIA

Rioja Alta

LOGROÑO

EBRO RIVER

Rioja Baja

传统式 Goblet 整枝法 老藤

奇妙的 里奥哈 Rioja

图·文 林殿理
BY Denis Lin

Ysios 酒庄,由西班牙建筑大师 Santiage Calatrava 设计,波浪状铝质屋顶象征着为Rioja做为天然屏障的。

Sierra de Cantabria

在酒庄背后傲然耸立,绵延不绝的坎塔布连山脉。

Dinastia Vivanco 酒庄与葡萄酒博物馆——大手握着一串葡萄,令人印象深刻的雕塑。他们的馆藏,是我参观过的最丰富,最生动也最有教育性的一家!

本庄除了传统式的混酿,近来也积极酿造实验性很强的Garnacia、Graciano等单一品种葡萄酒,展现了本产区开创与研发的精神

Marques de Riscal

本酒庄拥有很法式古典的酒窖建筑,但当这座宛如被金属彩带包裹的奇异建筑完工时,全世界都被惊吓到了。
目前这房子由一家国际酒店集团承包,提供顶级的酒庄内住宿,劲饮以及葡萄酒SPA的服务。

▲由设计Bilbao古根海姆博物馆的F.O.Gehry大师设计

Guggenheim Museum, Bilbao, SPAIN

L'ART C'HERE

R. Lopez de Heradia

坚持老祖父留下的传统种植酿造手艺,还用着重死人的木筐采收葡萄,动不动就把酒陈放二十几年才上市…
但,传统的

酒庄建筑旁却有座如同太空舱的未来感品酒室,真令人既错乱

又迷醉!

VINOS

VIÑA TONDONIA

Calle del Laurel

ESPECIALIDAD

BAR SORIANO

位于Logroño市,西班牙最知名的小吃街之一

逛了那么多精彩的酒庄,用小吃街的美食做结尾,才是完美!
特别推荐一个老爷爷的铁板虾仁蘑菇串,特别美味,生意好到爆。
就这么两步一店,一杯美酒配小吃的沿路吃下去,它将成为你对里奥哈最愉快的回忆!!

Denis Lin
2015.9.30

传统酒窖30年陈酿阿蒙提拉多雪莉酒

Bodegas Tradición 30 Años Amontillado

(Jerez)

- 琥珀色、褐色。
- 坚果和旧木桶的香气。
- 干型，木味、坚果味，中等酸度，坚实，带有点儿单宁感，复杂而悠长的余味。
- 来自很老的Solera系统，尝起来有时光的滋味。

◆ 品尝于2010年1月4日

Bodegas Tradición 是 "传统酒窖" 的意思，这是一个保存雪莉酒传统的计划，最初是为了保护一家拥有 350 年历史，雪莉当地最老的酒庄 Cabeza de Aranda y Zarco 而发起。酒标上标示的 30 年并非指准确的年份（因为雪莉酒是来自叠桶法的多年份混调），里面可能有少部分更老的酒或年轻点儿的酒，30 年只是平均年份的概估，或者说是类型风格的描述比较恰当。

2010.1.4 爱吃客 Party.

→ Green wax.

Opened by John Isacs

Appearance :

Amber. brown.

Nose : Nutty. matured. Wood.

Palate : Dry. woody. nutty. M acidity. firm. tannins. Complexed. Long finish.

The taste of times.

→ 採收葡萄的背影

隨瓶附的塞子

※ From very old solera, maybe wine older than 100yrs inside, although very tiny bit...

Amontillado
TRADICION
Produce of Spain

Jerez - Xérès - Sherry

30 AÑOS

Botella nº J14/0500 L 2/8
BODEGAS TRADICION, S.L.

19.5% Vol.

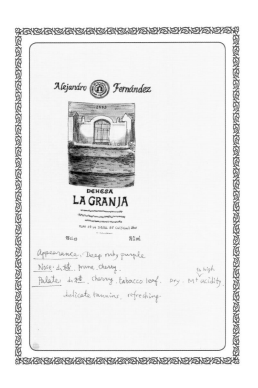

亚力山卓费尔南德兹酒庄
2003年份格兰贺干红葡萄酒

Alejandro Fernández Dehesa La Granja 2003

(Castilla y León)

● 深宝石红带紫色。

● 山楂、李子和樱桃香气。

● 干型，中高酸度；山楂、樱桃、烟叶味，单宁细致，口感清新。

◆ 品尝于2010年1月30日

　　费尔南德兹（Alejandro Fernández）是卡斯蒂利亚－莱昂（Castilla y León）产区很有影响力的一位庄主，特别专精于添帕尼优（Tempranillo）品种的种植和酿造。他原本是工业行业出身，但他成功地运用自己在工业和商业方面的专业，将自己家族位于杜罗河岸（Ribera del Duero）地区，与名庄 Vega Sicilia 为邻的酒庄 Pesquera 发展出全球性的知名度。此外他还拥有 Condado de Haza、Dehesa La Granja 以及 El Vinculo 等酒庄。

Alejandro Fernández

2003

DEHESA
LA GRANJA

VINO DE LA TIERRA DE CASTILLA Y LÉON

75 cl. e   14% vol.

慕里厄塔侯爵酒庄-伊格庄园2005年份特级珍藏干红葡萄酒

Marqués de Murrieta Castillo Ygay 2005

(Rioja)

- 深宝石红带一点儿紫色。
- 中等强度的烤桶、烟草和黑色水果气味，仍在发展中。
- 干型，中高酸度，中等酒体，中等偏低的细致单宁；集中的黑樱桃、李子、碳烤和甘草、烟叶与干燥草本香料味。仍然很年轻，在品尝后的当年9月份上市。

◆品尝于2013年5月10日

　　Marqués de Murrieta是里奥哈（Rioja）的名庄之一，本款Castillo Ygay是里奥哈传统酿酒风格的代表，一般都会在橡木桶中陈酿相当长的时间（在酒庄还品尝了1978年份，此酒在木桶中陈酿了惊人的216个月）。另一款也相当受欢迎的顶级酒Dalmau则是采用比较摩登的酿法，但依然维持了本庄的优雅风格。以Viura品种酿成的Capellania干白葡萄酒，在橡木桶中经过长时间陈酿而成，属于里奥哈地区对于此品种干白的特色和潜力，有如教科书一般的严肃诠释。2013年造访此庄时，新酒窖的装修正在进行中，但已可窥见其传统低调中带有摩登的设计感，令人十分期待！

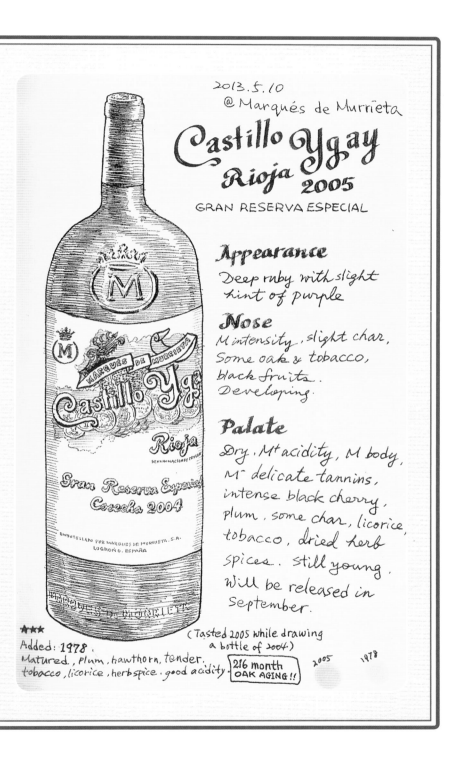

2013.5.10
@ Marqués de Murrieta

Castillo Ygay
Rioja 2005
GRAN RESERVA ESPECIAL

Appearance
Deep ruby with slight hint of purple

Nose
M intensity, slight char, Some oak & tobacco, black fruits. Developing.

Palate
Dry, Mt acidity, M body, M⁻ delicate tannins, intense black cherry, plum, some char, licorice, tobacco, dried herb spices. Still young. Will be released in September.

★★★
Added: 1978.
Matured, plum, hawthorn, tender. tobacco, licorice, herbspice, good acidity.

(Tasted 2005 while drawing a bottle of 2004)

216 month OAK AGING!!

2005   1978

马赛特酒庄少庄主

马赛特酒庄

马赛特酒庄2007年份特级珍藏干红葡萄酒

Maset del LLeo Tempranillo 2007 Gran Reserva

(Penedes)

● 中等偏浓郁的深宝石红色。

● 潮湿土壤、毛皮、成熟黑色浆果、檀香木以及烤花生的复杂气味，已经有充分陈年的风味。

● 干型，中高酸度，中等酒体，中等偏强的单宁；有集中的黑莓、樱桃果味；烘烤橡木桶、土壤和香辛料余味，有着朴实而温暖的风格。

◆品尝于2014年10月7日

　　马赛特（Maset）集团由位于西班牙Penedes产区的Massana家族在18世纪所创立。经过家族一代又一代的传承，现在该酒庄已经成为西班牙销量第三大、产能位居第六的企业，在Rioja、Priorat、Montilla、Rias Baixas等主要产区以及法国波尔多等地拥有酒庄。

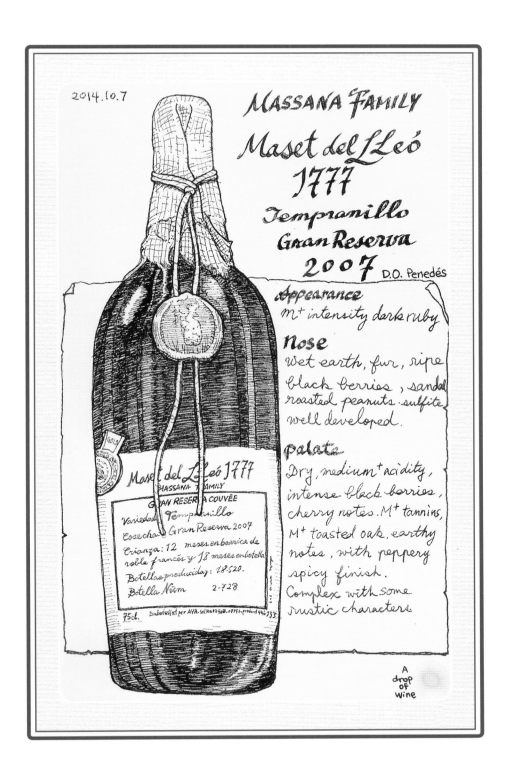

2014.10.7

MASSANA FAMILY

Maset del LLeó
1777
Tempranillo
Gran Reserva
2007 D.O. Penedés

Appearance
M⁺ intensity dark ruby

nose
Wet earth, fur, ripe
black berries, sandal
roasted peanuts. sulfite
well developed.

palate
Dry, medium⁺ acidity,
intense black berries,
cherry notes. M⁺ tannins,
M⁺ toasted oak, earthy
notes, with peppery
spicy finish.
Complex with some
rustic characters.

A drop of wine

Maset del LLeó 1777
MASSANA FAMILY
GRAN RESERVA COUVÉE
Variedad: Tempranillo
Cosecha: Gran Reserva 2007
Crianza: 12 meses en barrica de
roble francés y 18 meses en botella
Botellas producidas: 18.520.
Botella Núm 2.728
75 cl.

González Byass酒庄Tío Pepe Fino雪莉酒

González Byass Tío Pepe Fino

(Jerez)

- 浅柠檬黄色。
- 面团、酵母、坚果和一点儿海水气味。
- 干型，中低酸度，中等偏轻酒体；清新柔和的面包、面团味，爽口。

◆品尝于2010年5月26日

　　González Byass酒庄成立于1835年，是西班牙最重要的雪莉酒名厂之一。Tío Pepe Fino是本庄最有知名度的酒，属于销量很大的基本型Fino，非常适合搭配西班牙的Tapas小点。酒庄拥有从1848年维持至今的Solera叠桶法陈酿酒，生产的一些陈酿雪莉酒如Oloroso Dulce Matúsalem VORS，都是雪莉酒爱好者心目中难得一尝的梦幻逸品。

2010.5.26. González Byass Gala Dinner. (with CEO)
《MANDARIN ORIENTAL HONG KONG》

TIO PEPE FINO

Appearance:
Light yellow.

Nose: Dough. yeast.

Palate: Refreshing. mild.
bread, easy to drink.
good with scallop.

TIO PEPE

JEREZ
XÉREZ SHERRY
Fino Muy Seco
PALOMINO
FINO

GONZALEZ BYASS
DESDE 1835

Signature of CEO

JAGROSSE() GONZA
LEZ BYASS.E

R. 洛佩兹雷迪亚托多尼亚酒庄2000年份珍藏干红葡萄酒

R. López de Heredía Viña Todonia Reserva 2000

(Rioja)

- 深宝石红色。
- 中等强度的干燥草本植物气味。
- 干型，中等酸度；樱桃、李子、黑巧克力味，细腻的单宁，烘烤味。
- 西班牙酒瓶上的金属网，最早是为了防伪而设计，开瓶时就会被破坏。后来虽然已经有了更高科技的防伪技术，但有的酒庄仍然把它保留了下来，成为西班牙酒的特色。

◆品尝于2010年4月2日

　　这是里奥哈最令我流连忘返的一家非常传统、保留了最多古老酿酒工艺、拥有135年历史的酒庄——R. López de Heredía。这个家族酒庄的酒，以陈酿时间长而著称，红酒动辄在桶中培养十年以上才装瓶出售，就连白葡萄酒和桃红酒也常陈酿四到八年，这对于世界上绝大多数酒庄来说都是难以想象的。他们的酒窖是从山腰挖进去的一条长长的地道，终年阴凉潮湿，墙壁上长满了厚如海绵一般的霉菌。这里面沉睡着一万三千多个酒桶，也因此酒庄自己必须拥有一个制桶厂，每天制造新木桶以及维修老木桶。酒窖里，时光仿佛就定格在百年前，然而桶里的佳酿却仍在耐心等待着将来某一天在杯中绽放的完美时刻。

With admiration for your work. From the 4th generation of the family.
Mercedes López de Heredía
8-5-13

家族第四代酿酒师Mercedes在素描本上签名

Vinos Finos
de
RIOJA
2000

R. Lopez de Heredia Viña
Tondonia S.A.

VIÑA
TONDONIA
RESERVA

Appearance : deep ruby.

Nose : M. dried herb.

Palate: Dry, M acidity,
cherry, prune, black chocolate,
delicate tannins, toasty,
像有点沧桑的男子，行船人.

"I like spanish pantihose wine"
西班牙金色绸袜

(小朱提供 — from 杭州)

美国

USA

奥邦酒庄2011年份
伊莎贝尔黑皮诺

Au Bon Climat 2011 Pinot Noir Isabelle Santa Maria

● 清澈的中等宝石红色。

● 有着柔和的莓果、土壤香气

● 干型，中等偏强酸度；浆果、樱桃以及淡烘烤的橡木桶、甘草味。很细致的中等单宁，非常优雅，宛如来自勃艮第的特级园！

◆品尝于2014年11月15日

与庄主Jim Clenenden在酒庄里午餐并品尝了全系列的作品

  圣巴巴拉位于洛杉矶西北边车程大约三小时处，从纬度上来看，圣巴巴拉地处南边，应该要比旧金山以北的纳帕谷和索诺玛来得温暖，然而因为此地拥有西海岸唯一东西走向的山谷，能让来自阿拉斯加寒冷洋流所形成的云雾随着强劲海风深入整个产区，减少了过度的强烈日照并且充分降低了气温，形成了适宜种植偏好冷凉气候葡萄品种的风土条件。圣巴巴拉的招牌品种是黑皮诺、长相思、霞多丽和西拉，也种植一些歌海娜、琼瑶浆等。

  本产区还可细分为圣玛丽亚谷（Santa Maria）、圣丽塔山（Santa Rita Hills）、圣伊内谷（Santa Ynez）和快乐峡谷（Happy Canyon）子产区，最靠近内陆的快乐峡谷受到冷凉云雾的影响较小，因此更适宜种植需要较多日照和热能的赤霞珠与梅洛。圣玛利亚谷有块葡萄园名叫"Bien Nacido"（西班牙语里好出身的意思），葡萄品质特别好，风味特别优雅而集中。如果加州也有像勃艮第那种 Grand Cru（特级葡萄园）分级制度的话，许多人认为非 Bien Nacido 莫属。奥邦酒庄庄主Jim Clendenen的银色长卷发颇有老嬉皮士的腔调，然而他所酿造的霞多丽与黑皮诺却特别注重清新优雅风味以及陈年潜力，在国际上享有盛名。与他共用一个酿酒车间的Qupé则以西拉、胡珊、玛珊等法国罗讷河谷品种见长，拥有一个坚定的粉丝群。

2014.11.15
Tasted @ 小飞家

"Isabelle" named
after winemaker's
daughter, made
since 1994.

Au Bon Clima
2011
California
Pinot Noir
"Isabelle"

Jim Clendenen

Mild berries & earthy
nose.
M+ acidity, berries, cherry
Light toasted oak, licorice.
Delicate M tannins.
Elegant, quality similar
to Burgundy Grand Cru.

2014
(庄主签名)

Au
Bon
Climat
2011
California
PINOT NOIR
"Isabelle"
Produced and bottled by Jim Clendenen. Mind Behind
Santa Maria, California. Alcohol 13.5% by Volume

ABC

盖世峰酒庄2002年份BIN 8赤霞珠干红葡萄酒

Geyser Peak Winery BIN 8 2002
Alexander Valley Cabernet Sauvignon

- 浓稠不透明的深宝石红色。
- 优雅的香草、橡木、牛奶巧克力香气，以及成熟而柔和的黑色莓果气味。
- 干型，成熟的黑色莓果、果酱、甘草和木味；宜人的单宁，黑巧克力余味。内敛而深沉，有非常好的平衡感，出乎意料的好。

◆品尝于2010年9月3日

记得多年前我刚开始对葡萄酒产生兴趣，在台北逛COSCO量贩超市的时候（一个来自美国的大型超市，里面卖的衣食住行用品都带有浓浓的美式生活味道，甚至有卖在台湾一般小康家庭略显狭小的生活空间里并不很实用的东西，例如桌球台、手足球、篮球架、橡皮艇等），都会在它的葡萄酒专区流连忘返，边读着酒标边用PDA（年轻的小朋友可能不知道这是什么，Personal Digital Assistant，智能手机还不普及时的个人电子助理）查酒的资料与评分。盖世峰就是我在这段时期最早认识的美国加州索诺玛产区（Sonoma County）的品牌之一。

本庄在索诺玛建立以来已经有一百年以上的历史，葡萄园主要分布于俄罗斯河谷（Russian River Valley）和亚历山大谷（Alexander Valley），前者受到较多海风与雾气的影响，气候冷凉，产出非常清新优雅的长相思、霞多丽与黑皮诺酒；而后者有着多变的地形和土质构成，以酿制赤霞珠葡萄酒最为出色，也产多品种混酿的红酒。该酒庄也收购加州其他产区的葡萄，酿造比较平价的日常餐酒。

BIN 8

Geyser Peak Winery

2002

Alexander Valley

CABERNET
SAUVIGNON

Appearance:

Deep Condensed
ruby red. opaque.

Nose:

Vanilla. elegant
oak. milk chocolate.
ripe & tender black
berries.

Palate:

Dry. ripe black berries.
jammy, licorice, wood.
enjoyable tannins.
black chocolate.
Out of everybody's
expectation.

蓋世峰. Self restrained.
nicely balanced.

provided by Morris.

哈兰酒庄2005年份干红葡萄酒

Harlan Estate 2005

(Napa Valley)

- 清澈的深浓宝石红色。
- 馥郁的黑色浆果、香草、玫瑰花瓣、烟草以及薄荷香气。
- 干型，中等酸度，成熟饱满的黑色水果味，以及甘草、烟草与山楂味。口感细致而丰腴，单宁具有层次感，以辛香味与薄荷味收结。

◆品尝于2013年3月2日

成立于 1984 年的哈兰酒庄是纳帕谷著名的"膜拜酒"（Cult Wine）酒庄，占地 97 公顷，70% 种植赤霞珠品种，其余是梅洛、品丽珠与味而多。它的酒只通过邮件名单来发售，排队等上好几年还买不到的大有人在。而未能排上号又觊觎这些美酒的人，经常愿意花上原始发售价两三倍的价格来求得一瓶。创始人威廉·哈兰（H.William Harlan）是一位纳帕谷的地产开发商，自己也拥有一个度假酒店，由于不愁钱，他可以不计成本地只求酿出好酒。哈兰先生的愿景十分明确，就是"在Oakville酿出属于纳帕的头等苑名酒！"

本庄酿酒师鲍勃·李维（Bob Levy）在知名的飞行酿酒顾问米歇尔·罗兰（Michel Rolland）的咨询协助下，每年酿出仅 18 000 瓶天衣无缝且极具复杂度的头牌赤霞珠，以及名为"The Maiden"的副牌酒。想一探这家神一样的酒庄？很抱歉，本庄没有招待游客的设施，也不接受参观的要求！

HARLAN ESTATE

2005 NAPA VALLEY

Cult! 膜拜酒

NAPA VALLEY

HARLAN ESTATE

2005

Appearance

Deep dark ruby,
clear.

Nose

Opulent black
berries, vanilla,
roses, tobacco,
menthol notes.

Palate

Dry, medium acidity,
ripe & supple black
fruits, licorice,
tobacco & hawthorn
flavors. Delicate,
ample & layered
tannins, finished
with spicy & minty
aftertaste.

乌鸦林2004年份老藤金粉黛干红葡萄酒

Ravens Wood Old Vine Zinfandel 2004

(Sonoma County)

- 中等浓度的暗宝石红色。
- 闻起来有铁锈、干果、烟草、烟熏、泥土以及烘烤咖啡豆、黄豆的香气，相当复杂。
- 干型，中高酸度，中等到饱满酒体，有黑李子、梅子、黑咖啡和樱桃味，优雅平衡而且带点儿土壤味，成熟浆果和明显的甘草味收结，复杂、有深度，给人艳丽的感觉。

◆品尝于2010年2月26日

　　"乌鸦林"酒庄，酒标也很有意思，圆圈里是三只乌鸦。本庄的格言是"不做软趴趴的酒！"（No wimpy wines！），是不是特别有个性呢？

　　创办人乔伊·彼得森（Joe Peterson）用了30年的时间，将一个小酒庄做到成为加州最知名的酒庄之一，或许靠的就是这种气魄吧？这家酒庄的招牌是金粉黛（Zinfandel），无论是最基本的日常餐酒还是最高档的单一葡萄园酒，都没有辜负了这个葡萄品种的特色和潜力。

　　这家酒庄还有一款很值得一试的"Icon"，是用34％的金粉黛和佳丽酿（Carignane）、小西拉（Petite Syrah）以及其他品种的混酿，浑厚、饱满、复杂而且有很强的陈年实力，充分展现了本酒庄的酿酒理念！

※ 我2007年去加州時帶回來的

Appearance
M intensity dark ruby red.

Nose
Rust nail, dried nuts.
Tabacco, smoky. mud.
baked coffee bean, soy.bean

Palate
Prune. plum. black coffee.
Cherry, Acidity M⁺.
Body M⁺, elegant &
Balanced, earthy.
very ripe berries. licorice

Complexed. nice finish
漂亮. 有深度. 艳.

森慈伯乐酒庄1991年份黑皮诺干红葡萄酒1.5升装

Saintsbury Pinot Noir 1991 Magnum
(Carneros)

● Magnum装。中等浓度的清澈宝石红带点儿石榴红色。
● 土壤、梅子，红色梅果、山楂、草本植物香气。
● 干型，中等偏饱满酒体，中等单宁，口感仍有力道，柔和但不显老态，相当令人愉悦。

◆ 品尝于2011年9月21日，在酒庄品尝。

　　1977年，大卫·格雷夫斯（David Graves）和理查德·沃德（Richard Ward）两个人一起在加州伯克利大学戴维斯分校念酿酒专业的硕士课程，两人因为都热爱酿酒，而且都是勃艮第酒的酒迷，因此一见如故，结为莫逆。1981年，两人在纳帕谷最南边，气候凉爽的Carneros区创立了Saintsbury酒庄，致力于酿造勃艮第风格的黑皮诺以及霞多丽葡萄酒。这些年来，他们在当地陆续买了一些葡萄园，并且不止一次被罗伯特·帕克称赞为加州最优秀的黑皮诺酿造者之一。2004年，在法国出生的酿酒师杰罗姆·彻里加入本庄，持续为本庄酿出优秀典雅的作品。他们也用Carneros区最老葡萄园Stanly Ranch的黑皮诺来酿造单一葡萄园的酒，这些葡萄藤是在20世纪50年代就栽种的优质老藤，风味更加集中。

2011.9.21 @ Saintsbury. Carneros, Napa Valley

SAINTSBURY

PINOT NOIR

1991

MAGNUM

M Ruby garnet. clear.

N: Earthy, Plum. Red berries.
Clean, still fresh.

M body. Plum. red berries.
Hawthorn. herbs.
M+ body. M tannins
Still show some
Power.
Mild but not old.
Quite enjoyable.

Also tasted 1995 magnum
and Carneros Shiraz.

啸鹰酒庄2002年份赤霞珠干红葡萄酒

Screaming Eagle Cabernet Sauvignon 2002
(Oakville, Napa Valley)

● 很浓郁的深宝石红色，带一点儿沉淀物。
● 中等偏强，融合度佳的橡木、坚果、咖啡豆以及西梅、黑色浆果气味。
● 干型，中等偏强酸度，集中的黑莓、樱桃味；高酒精度，中等偏强的丝滑单宁，带有雪茄盒、烟草、胡椒等复杂味道的悠长余味。刚强但不乏巧劲，就像太极一样，也像是来自纳帕谷的波亚克（Pauillac）。

◆品尝于2013年1月15日

　　啸鹰酒庄（Screaming Eagle），又一家"膜拜酒庄"。由简·菲利普斯（Jean Philips）所创立，葡萄园仅有24公顷，种植赤霞珠。本庄在20世纪90年代爆红，价格也一飞冲天，每瓶的首发价超过500美元，而当每年的6 000瓶产量销售一空后，往往价格还会飙升。酿酒师是海蒂·彼得松·巴瑞（Heidi Peterson Barrett），她同时还是纳帕谷区其他几家膜拜酒庄的酿酒师和顾问，本身也拥有一个葡萄酒品牌"Sirena"，她的酒有多款被罗伯特·帕克评了100分，并尊称她为葡萄酒的第一夫人。

　　很可惜，本庄也不接受参观（官方的说明是因为酒庄小，没有招待客人的场所，而且产量极低没法提供试饮），就连官网上也只是简单地设了连接姐妹庄Jonata酒庄的链接，以及加入邮购等待名单的说明（不能保证排队多久能排到，除非现有客户放弃才能往前递补），连个酒庄介绍都没有！

2013.1.15

SCREAMING EAGLE

2002

CABERNET SAUVIGNON

OAKVILLE NAPA VALLEY

Appearance
Very intense deep ruby, with some sediments.

Nose
M+ well integrated oak, nuts, coffee bean & plum, blackberry notes.

Palate
Dry. M+ acidity, intense blackberry, cherry, high alcohol. Silky M+ tannins. Long finish with cigar box, tobacco, pepper after taste. Strong but also delicate like Tai-Chi, a "Pauillac" from Napa Valley!

Provided by Dragon Chen

Drop of ⟶
SCREAMING EAGLE

346-347

阳光与风土酒庄2000年份未过滤黑皮诺干红葡萄酒

Soleil & Terroir Pinot Noir Unfiltered 2000

(Edna Valley)

● 清澈明亮的宝石红色。
● 柔和新鲜的红色莓果、樱桃以及森林苔藓、晨露的气味。
● 干型，中高酸度，柔软温和的新鲜樱桃等红色水果味，质地细致的中等偏低单宁。
惊人地优雅细致，如果是盲品，能让很多老手误以为是勃艮第酒！

◆ 品尝于2010年10月9日

　　本庄建立于1991年，庄园主基恩·尼科尔斯（Keith Nichols）是个很好的自学成才范例。他出生于纽约州北部一个奶农家庭，高中毕业后入伍，在海军做了四年的航空电子工程师。退伍后，他继续从事电子方面的工作，直到因为工作的关系来到了加州。在加州，他开始对当地的美酒和美食产生兴趣，一边上夜校获得了几个学位，一边开始关注葡萄酒行业，并参加葡萄酒营销和酿酒的课程。

　　在一趟去波尔多调研的旅行之后，他了解到风土是酿好酒的关键，经一番寻找，他选定了在加州中部海岸的艾德纳谷（Edna Valley）建立自己的酒庄。种植的品种包括黑皮诺、霞多丽、赤霞珠、金粉黛、长相思与白皮诺，每个品种酿酒的年产量约1 200箱，量不大，但追求高质量。

　　近几年基恩跑中国跑得很勤，推广这个品牌以及他的另一个品牌Silver Fox。和他在加州酒的活动中见过几次面，很欣赏他朴实诚恳的个性。有趣的是，当我上网查酒庄资料时，不经意地发现我也出现在活动照片里了：

http : //www.nicholswinery.com/photos/2-category/1-collection

2010.10.9 @ Philip's

Soleil & Terroir
2000
Pinot Noir,
Edna Valley

Appearance:
Clear. bright ruby.

Nose:
Clean. mild. fresh red
berries, cherry, moss.
forest, morning dew.

Palate:
Dry, M$^+$ acidity, soft,
mild fresh cherry,
smooth red fruits,
delicate M$^-$ tannins.

※ Amazingly delicate,
Burgundy like California
Pinot Noir. Can fool many
experienced tasters.

Provided
by
Philip.

UNFILTERED

Soleil & Terroir

2000 Pinot Noir, Estate Bottled
Edna Valley

PRODUCED & BOTTLED BY SOLEIL & TERROIR WINERY
EDNA VALLEY, SAN LUIS OBISPO, CALIFORNIA

姚明2009年份纳帕谷赤霞珠干红葡萄酒

Yao Ming 2009 Napa Valley Cabernet Sauvignon

（姚明纳帕谷赤霞珠）

● 82%赤霞珠配上梅洛、品丽珠、味而多葡萄品种。
● 黑醋栗、黑李子的成熟清新奔放香气，中等偏厚实一点儿的酒体，略有甘草、雪松木味和烟草的辛辣味，单宁细致。整体相当优雅，是令人愉悦的作品。

◆品尝于2011年12月1日，姚家族葡萄酒发表会

　　篮球明星姚明也酿葡萄酒了？很多人乍听"姚明酒"都惊讶地发出了疑问。实际上，姚明在美国打了那么多年的NBA，在生活中逐渐喜欢上了纳帕的美酒，退役后进军葡萄酒业倒也不是什么奇怪的事。在加州，导演、电子业大亨、游戏业大亨等等，拥有酒庄的可说比比皆是。

作者与姚明合影

　　姚家族酒庄的葡萄来自加州纳帕谷（Napa Valley）的六片严格管理的葡萄园，经过对果实的精心挑选，由美国酿酒总监汤姆·欣德（Tom Hinde）带领的酿酒技术团队负责酿造。

　　另一款更高档次的"姚明家族珍藏"，以低于十分之一的筛选率精挑细选，价格也更加不菲。最近又陆续发布了几款价位在人民币200 — 500元左右的酒款；在名人效应新鲜感逐渐转淡之后，是否能赢得另一个消费阶层，还有待进一步观察！

酿酒师在素描本上签名

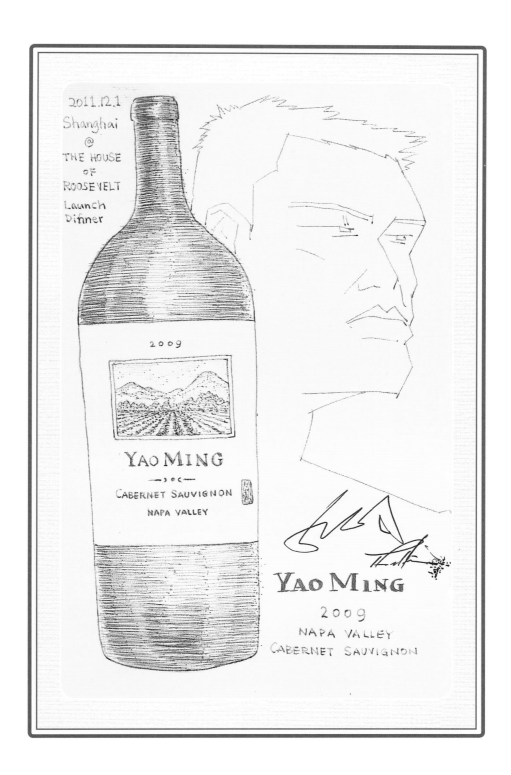

有家良仓 微店　　　有家良仓 公众号

做有价值的出版物

策划出品：

上海曦若文化传播有限公司　　｜　陈丽娥
Shanghai CC Culture Communication Co.,Ltd　　CiCi CHAN

市场运营：

香港永丰集团投资管理有限公司　　｜　杨正清
HongKong WingFung Group Co.,Limited　　Ben YANG

出版统筹：陈丽娥　广告创意：林殿理　文字编辑：喜　喜

特约美术：冯　超　装帧设计：今亮后声 HOPESOUND

上海曦若文化传播有限公司

豆瓣小站：www.douban.com/people/ccculture　http://site.douban.com/169070/

新浪微博：@CC曦若　@曦若文化007

E-Mail：2311041386@qq.com

我们有来自国内外的作者和编辑团队。从工作室到文化公司，十年，曾参与策划、编辑和制作的图书与杂志愈千种。

我们一直以"思变则通，上善若水"的精神，辛勤耕耘，不断思考、不断向前，从选题策划到编辑组稿，到创意表现，到制作设计，到有效的企划宣传。

我们着力于人文、生活、旅游、葡萄酒和饮食文化等图书选题的策划撰写、图片拍摄、编辑出版。立志做有价值的出版物。

我们不急不躁。且行且书且安生，丰盈而美好。十年。我们交付给时光的意义，文字知道。

我们参与编辑制作的部分书单：

林殿理《微醺手绘》；谢忠道《绕着地球喝好酒》；竺培愚《渐行渐远古村落·岭南篇》；高文麒（文化中国系列）《北京·京城文化》《西安·汉唐文化》《山西·三晋文化》《云南·百夷文化》《贵州·苗侗文化》《川渝·巴蜀文化》《河南·中原文化》《江浙·吴越文化》《安徽·徽州文化》《江苏·盐商文化》《山东·齐鲁文化》《湘鄂·荆楚文化》；饶雪漫《左耳》《十年》《糖衣》；《17Seventeen》《花雨 Flowers》《闲闲吧》；藤萍《香初上舞》系列。